0~3岁宝宝的第一本
营养美食书

U0215159

杜丽娟　叶 静◎编 著

浙江科学技术出版社

图书在版编目(CIP)数据

0～3岁宝宝的第一本营养美食书 / 杜丽娟，叶静编
著. -- 杭州：浙江科学技术出版社，2017.1
ISBN 978-7-5341-7231-1

Ⅰ．①0… Ⅱ．①杜… ②叶… Ⅲ．①婴幼儿－保健－
食谱 Ⅳ．①TS972.162

中国版本图书馆CIP数据核字(2016)第168020号

0～3岁宝宝的第一本营养美食书

编　著　杜丽娟　叶　静

出版发行	浙江科学技术出版社
	杭州市体育场路347号　　邮政编码：310006
	办公室电话：0571-85176593
	销售部电话：0571-85176040
	网址：www.zkpress.com
	E-mail:zkpress@zkpress.com
排　　版	◎ 中映良品（0755）26740758
印　　刷	浙江海虹彩色印务有限公司

开　　本	710×1 000　1/16	**印　张**	10
字　　数	180 000		
版　　次	2017年1月第1版	**印　次**	2017年1月第1次印刷
书　　号	ISBN 978-7-5341-7231-1	**定　价**	32.00元

责任编辑　沈秋强		**责任校对**　刘　丹	
责任美编　金　晖		**责任印务**　田　文	

序言

营养美味的爱

当一个新的生命来到这个世界上，爸爸妈妈就开始着急，该如何把宝贝儿喂养好。在宝宝出生的头3年里，喂什么？怎么喂？无疑是新手爸妈特别关心的课题。这个时期，虽然说爸爸妈妈给什么食物，宝宝就吃什么，但从吮吸第一口母乳开始，你给宝宝的喂养是合理的吗？从液体食物到泥状食物，再到固体食物，各阶段喂养宝宝需要掌握哪些基本原则？各类食物应该如何搭配？有没有具体的制作方法？在这本书里，你都可以找到答案！

这是宝宝的第一本美食食谱，也是爸爸妈妈的第一本宝宝饮食教科书。本书根据宝宝的自然成长规律，分为0~3个月、4~6个月、7~9个月、10~12个月、1~3岁五个饮食阶段，依据各阶段生长的特点与需求，精心选编了200多道选材丰富、营养齐备的婴幼儿美食，从美味软食、果蔬奶汁到健康肉蔬、迷你主食、营养汤羹等一应俱全。更有让宝宝骨骼强健的多钙配方，让身体智力齐发展的多铁配方；让宝宝胃口好、吃饭香的多锌配方，以及给身体全面呵护的维生素大餐。

本书还科学地解答了宝宝日常饮食中常见的60多个问题，并附送丰富的喂养方法小贴士，图文并茂，做法详尽，即便是对厨艺一窍不通的菜鸟爸妈，也可以轻轻松松制作出宝宝爱吃、营养丰富的美食来。

合理的喂养，均衡的营养摄取，不仅关系着宝宝身体的健康成长，影响着大脑智力的发育，甚至还会决定他（她）一生的饮食习惯和对于食物的态度。因此，即便是忙碌的职场妈妈，也应该抽出时间来，从选购新鲜食材开始，清洗、加工、制作……将自己的丝丝爱意都浓缩在宝宝的营养美食中。

目录

0~3个月　　4~12个月　　1~3岁

Chapter One

 第一章 0~3个月，从宝宝的第一次吮吸开始

0~3个月

Chapter Two

第二章 4~12个月，科学及时地添加辅食

4~12个月

Chapter Three

第三章 1~3岁，做宝宝最好的营养师

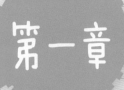

0~3个月，
从宝宝的
第一次吮吸开始

你知道吗？准妈妈在怀孕期间摄取的营养是否充足，直接影响着宝宝出生后的喂养。因为，健康的妈妈才能给宝宝提供优质的母乳。如果由于其他原因，只能采用混合喂养或者完全配方奶喂养，也必须有合理的安排，使宝宝能够获得充足的营养，为以后的健康成长打下坚实的基础。

一、母乳是妈妈给宝宝最好的礼物

1. 母乳是宝宝最安全的天然营养品

母乳是每一位妈妈给宝宝最好的礼物，是最适合婴幼儿的营养食物，目前为止，尚无比母乳更适合婴幼儿成长的代乳营养食品。母乳具有非常独特的生物功能，能够预防疾病、强健身体。母乳中含有的双歧因子可以刺激乳酸杆菌的生长，产生具有保护作用的有机酸；乳铁蛋白因含铁未达饱和，会与细菌竞争铁质而干扰细菌繁殖；脂质可以防御蓝氏贾第鞭毛虫病（一种人畜共患的原虫病，感染后的主要症状是腹痛、腹泻、腹胀、呕吐、发热和厌食等）与合胞病毒感染（一种常见传染病，人人都可能感染，对免疫力较弱的婴幼儿，尤其是早产儿杀伤力强）。另外，母乳中含有的溶菌酶能溶解细菌的细胞壁；低聚糖能干扰肠道细菌、毒素与表皮接触；分泌型免疫球蛋白A能防止病原体依附细胞，并能中和细菌毒素；中性粒细胞、巨噬细胞及淋巴细胞可以协助黏膜免疫……这些都是避免婴幼儿发生呼吸道、消化道等危及生命的感染性疾病的重要物质。

妈妈的乳房第一次分泌出的初乳（产后一周左右分泌出来的淡黄色带黏稠性的乳汁），富含高单位的蛋白质和维生素，而碳水化合物及脂肪的含量却比之后所分泌的乳汁低，且富含矿物质，其中纳的含量更是成熟乳的3倍，能促进胎便的排出。初乳中含有的抗体，还能帮助新生儿抵抗母体曾感染过的病毒等优点。

此外，母乳还具有卫生、温度适宜、哺喂方便等优点，其营养价值优于其他任何配方奶。

2. 吃母乳的宝宝更健康

联合国儿童基金会的报告称，出生后的前几个月就使用奶瓶喂食的宝宝，其罹患感染性疾病的几率通常比纯母乳喂养的宝宝高出2~3倍。在一项针对半岁以内宝宝喂养的调查数据中，纯母乳喂养的宝宝患呼吸道感染的几率为19.1%，而人工喂养的为30.2%，这说明母乳喂养在减少呼吸道感染方面的效果非常显著。另外，在新生儿组与2～3月龄组混合喂养（母乳哺喂达日奶量1/3以上），宝宝的患病率分别为10.4%和29.6%，而工人喂养的分别为31.3%和41.9%。由此可知，即使只是部分喂食母乳，也能减少婴幼儿患病的几率。

3. 吃母乳的宝宝体格发育更好

通过以下的研究数据，可以很清楚地看到：母乳喂养对于婴幼儿的体格发育更具有优势。

母乳喂养儿与非母乳喂养儿月平均体重比较　（单位：千克）

研究对象	0月	4月	6月
母乳喂养	4.5	7.81	8.43
非母乳喂养	4.16	7.59	8.11

半岁内婴儿各项指标达到和超过世界卫生组织100%指标的总比率　（单位：%）

研究对象	月龄身长	体质发育指数≥19	身高体重超过总比率
母乳喂养	7.02	14.6	77.6
非母乳喂养	6.37	11.1	66.7

4. 母乳有利于宝宝身心全面发展

妈妈给宝宝喂奶时，母子间的皮肤会亲密接触，宝宝对妈妈声音的反应、眼神交流，边吮吸边抚摸妈妈胸部或乳房所产生的依恋感，宝宝对哺乳环境的定位、认识以及对环境物品功用的感受等，都是加深母子感情和促进认知发展的重要环节。通过哺乳过程，妈妈和宝宝双方在心理上都得到前所未有的满足。更为重要的是，宝宝因此获得触觉、视觉、听觉等刺激。因为，在哺乳过程中，宝宝的中枢神经系统受到不同来源、不同层次信息的刺激，不仅为大脑中枢神经系统提供身体发展的条件，也能促进协调能力等的发展，而且为高级神经活动和心理发展的健康、完善奠定了坚实的基础。

宝宝除了有生理上的需求，也有被爱抚、被关怀的心理需求。儿童心理专家指出，当婴儿的需求被充分满足时，将来个性会较独立。宝宝吃母乳能获得更多的安全感，在个性上比非母乳喂养的宝宝更加独立。

5. 母乳喂养有助于产妇身体复原

从宝宝出生就坚持母乳喂养，对产妇也是一种持续的良性刺激。因为母乳喂养可以促进子宫收缩、回位，减少产后出血，降低产妇日后罹患骨质疏松、卵巢癌及乳腺癌的几率。产妇喂奶还会增加能量的消耗，使妈妈的身材更快恢复到产前的状态。喂食母乳也可抑制产后较早排卵，帮助妈妈产后避孕。

二、母乳喂养成功的六大秘诀

产后母乳的分泌会受到很多因素的影响，为确保宝宝有充足的营养来源，可以采取以下综合措施来维护和促进母乳的分泌。

1. 母婴同室

宝宝出生后应尽量和妈妈在同一房间休息。尤其是当宝宝依偎在妈妈怀里时，与妈妈的肌肤接触，能够促进母子感情，提升哺喂母乳的信心。

2. 尽早吸奶，多让宝宝吮吸

有可能的话，可在婴儿出生后的半小时内，就让宝宝吮吸产妇乳头，虽然这时产妇可能还没有乳汁，但这种吮吸可以刺激神经内分泌系统，促使催乳素分泌，诱导产妇乳房泌乳，能迅速促进和增加乳汁分泌量，并有助于巩固日后坚持母乳喂养的信心。

即使乳汁分泌量少，产妇在产后2周内也要坚持每天让宝宝吮吸8～12次。一般在3～5天内，产妇就会感觉到乳汁分泌，甚至胀奶。而且，只要宝宝饿了想吃就喂，不必拘泥于几小时喂1次。要知道，宝宝越是强烈吮吸乳房，乳汁分泌就越多。如果宝宝睡着了，奶胀的时候可以把宝宝叫醒喂奶。经过短期训练，相信一定能协调母子间吸乳、授乳的行为以及心理互动，顺利养成喂奶的好习惯。

3. 采取正确的哺乳姿势

想要坚持喂母乳，培养吮吸习惯（形成条件反射），正确的哺乳姿势也很重要。可以采用坐姿、卧姿、半卧姿等姿势，哺乳时间以每次15～20分钟为宜。以坐姿为例，妈妈坐在有靠背的椅子上，与哺乳乳房同侧的脚踏在高约20厘米的矮凳上，使怀中的宝宝整体侧向妈妈的哺乳乳房，并让宝宝的脸颊贴着乳房。妈妈将拇指放在乳房上方，其余四指放在乳房下方，轻轻托起乳房，并用乳头轻触宝宝下嘴唇或腮部，当宝宝嘴巴张大舌向下时，将乳头连同乳晕一并送入宝宝口中，使乳头深入宝宝的口腔后部，这样，宝宝在吮吸时就能充分挤压乳晕下的乳窦，迫使乳汁排出，同时也能刺激乳头内的神经丛，促进妈妈脑下垂体分泌催乳激素，增加乳汁的分泌量。

4. 让宝宝吸空乳房

哺乳是一种生理行为，产妇的生理性泌乳反射至少需耗时3分钟，而在宝宝吮吸过程中，约75%的乳汁会在5分钟内排空，90%在10分钟内排空。因此，哺乳时每侧乳房至少应哺喂5分钟，这样宝宝随后吸到的乳汁才是含有更高脂肪量的乳汁，这才是宝宝热量的重要来源，也是宝宝最必需的脂肪酸的来源。每次喂奶时，应先尽量排空一侧乳房，下次再从另一侧乳房开始，两侧乳房交替哺喂。如果每次哺乳都使乳房排空，每24小时内排空乳房不少于3次，可增加泌乳量。

5.坚定喂奶信心

作为产妇，要避免疲劳和情绪波动，丈夫和医护人员要想方设法使其充满信心，这是母乳分泌和喂母乳获得成功的重要条件。不过，产妇本人坚信自己能哺喂母乳和认真哺喂宝宝才是最关键的因素。

6.及时添加辅食

随着宝宝年龄的增长，所需营养素的量也不断增加，母乳已不能完全满足宝宝的营养需要，因此一定要及时添加辅食，保证宝宝能吸收到足够的营养。母乳一般能维持到宝宝出生后4~6个月，所以，辅食添加通常是在4~6个月之后。

三、母乳喂养问与答

Q: 如何观察宝宝是否真的吮吸到了母乳？

A: 当宝宝准确含住乳头后，会在快速吮吸几口后，转变成慢而深的吮吸，同时间隔着休息，并能听到有节奏的吞咽声。妈妈在刚开始时可能会感觉乳头有点疼痛，但几分钟后，疼痛感就会消失。如果疼痛感仍在持续，表示宝宝没有含好乳头，可以试着用手指轻压宝宝下颌或者嘴角，让宝宝嘴巴张开放开乳头，将乳头移出嘴巴，重新再试一次。而且，宝宝吮吸时，如果吸到了奶水，两颊不会极度凹陷，也不会发出"啪嗒啪嗒"的声音。

Q: 喂奶需要定时吗？

A: 喂奶时间是否需要固定，这个问题的答案可谓众说纷纭。一般来说，应按照宝宝正常的生理需求进行哺乳。通常满2个月的宝宝，4小时左右就要喂一次奶，一天5～6次；2～4个月的宝宝，大约每天5次；5个月以上的宝宝，每天喂4次就足够了。如果是早产儿或者出生时体重较轻的宝宝，应该在这个基础上增加喂奶次数或喂奶量。另外，当宝宝表现出强烈想吃的欲望时，不必拘泥于时间，应立即喂奶。

Q: 如何判断宝宝是否吃饱?

A: 可以从宝宝的吸奶情况看，当他（她）想吃奶时，会含住乳头用力吮吸并有吞咽声，经5～10分钟吮吸后，便不太用力吮吸，甚至叼着乳头玩，随后松开乳头，安静入睡。也可以观察宝宝排泄的情况：出生3天以后，每24小时应有6次以上小便、3～4次大便。还可以在宝宝吃奶前后各称一次他（她）的体重，两者之差就是吃进去的奶量。将一天各次奶量加起来就是一天的总量。

另外，从体重上进行判断也是常用的方法之一。宝宝出生10天后，体重每周增加最少125克，或满月时最少增加600克。以后每月的体重增值可依据以下公式推算：

0～6个月：体重（千克）＝出生体重＋（月龄＋1）×0.9

7～12个月：体重（千克）＝7.01＋（月龄×0.29）

Q: 哺乳期的妈妈要慎用药

A: 无论中药还是西药，经人体吸收后都会随着血液循环到达乳腺，并随乳汁排出，因此乳汁中或多或少会含有药物成分。对宝宝来说，这些都是非生理物质，如果含量大时，还会对宝宝产生不良影响，甚至出现中毒的情况。因此，哺乳期的妈妈在就医时，应对医生说明正在哺乳期，并在医生的指导下用药。

Q: 如何判断母乳量暂时不足?

A: 可以从以下几点进行简单的判断:

①产后5天,乳房还挤不出乳汁;在喂奶前妈妈没有胀奶;宝宝刚吃奶时没有急迫的吞咽声;喂奶后乳头没有变软。

②每天喂奶次数不少,但宝宝仍努力吮吸、持续时间长,甚至超过半小时,且宝宝排尿次数减少、大便次数减少。

③宝宝体重增加不理想,满月后体重未达到参考值下限。

另外,还要注意看妈妈有无乳头疼痛、充血、干裂等现象。

四、配方奶粉喂养问与答

Q: 如何选择婴幼儿配方奶粉?

A: 专家指出,在选购婴幼儿配方奶粉时应注意以下几点:

①看包装上的标签标识是否齐全。按国家标准规定,在外包装上必须标明厂名、厂址、生产日期、保质期、执行标准、商标、净含量、配料表、营养成分表及食用方法等项目,若缺少上述任何一项,最好不要购买。

②营养成分表中标明的营养成分是否齐全,含量是否合理。营养成分表中一般要标明热量、蛋白质、脂肪、碳水化合物等基本营养成分,维生素类如维生素A、维生素D、维生素C、部分B族维生素,微量元素如钙、铁、锌、磷,或者还要标明添加的其他营养物质。

③选择规模较大、产品质量和服务质量较好的知名企业的产品。

④看产品的冲调性和口感。质量好的奶粉冲调性好,冲后无结块,

液体呈乳白色，品尝奶香味浓；而质量差或乳成分很低的奶粉冲调性差，即所谓的冲不开，品尝奶香味差甚至无奶味，或有香精调香的香味。另外，淀粉含量较高的产品冲调后呈糨糊状。

　　⑤根据婴幼儿的年龄选择合适的产品。0～6个月的婴儿可选用婴儿配方乳粉Ⅱ或1段婴儿配方奶粉；6～12个月的婴儿可选用婴儿配方乳粉Ⅰ或2段婴儿配方奶粉；12个月以上至36个月的幼儿可选用3段婴幼儿配方乳粉、助长奶粉等产品。如婴幼儿对动物蛋白有过敏反应，应选择全植物蛋白的婴幼儿配方奶粉。

Q：什么是婴儿特殊配方奶粉？

A：　　婴儿特殊配方奶粉是指一些有特殊生理状况的婴儿，必须食用经过特殊加工处理的奶粉。这类婴儿配方奶粉，必须在医生或者营养师的指导下，才可购买、食用。

Q：水解蛋白配方奶粉可以预防过敏吗？

A：　　水解蛋白配方奶粉是将蛋白质经过酵素水解和加热的作用而分解成很小的分子，使得牛奶蛋白中原本会导致过敏的结构因此被破坏，所以可以降低致敏的几率。一般来说，水解程度越高的配方奶，因分子量越小，预防过敏的效果越佳。而根据蛋白质分子量的大小不同，水解蛋白配方奶粉又分成完全水解及部分水解两种。

Q：乳糖不耐型宝宝喝什么奶？

A：　　宝宝在婴幼儿期出现乳糖不耐症状时，容易因为严重腹泻造成脱水或体内电解质失衡，严重时可能危及生命。所以当宝宝出现乳糖不耐现象时，就必须拒绝所有含有乳糖的食物，应改喝豆奶或者不含乳糖的配方奶。

Q: 喝配方奶的宝宝需要额外喝开水吗？

A: 配方奶的说明上都会写明，冲泡时1勺奶粉需加多少水，通常比例是水占87%、奶粉占13%。也就是说，婴幼儿喝配方奶时就已经喝下足够的水分，因此，只要按时喂奶就不会有缺水的顾虑。而且，6个月以下的婴幼儿，再额外补充水分则可能影响他的食欲，减少喝奶量。所以不必特别让宝宝多喝水，但喝奶后喝两三口温开水漱口则无妨。

Q: 如何选购奶瓶？

A: 目前市场上的奶瓶材质有玻璃、PP、PES和PPSU几种。其中，玻璃材质最安全，非常适合新生儿使用。玻璃奶瓶最大的好处是耐高温，而且内壁光滑易清洗，也不易老化。但宝宝长到3个月后，开始学习自己用手拿着奶瓶喝奶，这样很容易摔碎，发生危险。这时可以为宝宝更换塑料奶瓶。塑料奶瓶分为PP、PPSU和PES等，其共同特点是方便携带、不容易摔碎，适合外出使用。PP是一种比较常见的奶瓶材质，耐热性可达到120℃。PPSU与PES这两种材质也不含双酚A，是目前市场上最能耐高温的塑料，耐热温度高达180℃。相比其他塑料材质制作的奶瓶而言，PPSU与PES的寿命更长，安全性更高。

    另外，奶瓶的口径主要分为标准和宽口两种。宽口径的奶瓶更容易清洗，在冲调奶粉时也不容易洒出来；标准口径的奶瓶比较细长，携带更方便。但标准口径的奶瓶有一个缺点，即由于奶瓶口比较小，奶嘴也比较小，宝宝在喝奶时，如果嘴角有空气进入，可能会出现胀气和嗝奶的现象。

Q: 如何选择奶嘴？

A: 应该选择比较硬的材质，最好是选择宝宝用力吸吮才能喝到奶的奶嘴。奶嘴的形状与尺寸也是购买时必须考量的重点。

圆孔：新生儿最好选择小圆孔（S），喝奶很急的宝宝更应避免使用大圆孔（L）。

Y字孔：Y字孔奶嘴的出奶量会随着宝宝的吸奶力道而改变，因此不必更换尺寸，这类奶嘴的特征是宝宝吸起来比圆孔奶嘴还要吃力。

十字孔：十字孔奶嘴的出奶原理跟Y字孔相同，会依宝宝的力道而调整奶量。但十字孔的开口更大，比较适合当添加米、麦精在配方奶中或在喂果汁等有纤维的饮料时使用。

Q: 奶瓶每天应消毒几次？

A: 奶瓶使用过都必须消毒，以煮沸法的杀菌效果较好，但必须留意器具的耐热度。消毒时，应先将冷水和奶瓶同时置入锅中，待水煮沸5分钟后放入奶嘴，再煮3分钟后熄火。冷却后，将水沥干，锅经煮沸也是无菌的容器，可将锅中的水倒掉，把奶瓶、奶嘴置于原锅中。

Q: 如何冲泡牛奶？

A: 冲泡婴幼儿配方奶时，应先加入冷开水再加入热水，温度在40～60℃之间最为适宜，因为过热的水可能会破坏配方奶中的营养素。此外，一定要先将水装到需要的量，才加入奶粉摇匀。

Q: 可以用微波炉加热牛奶吗？

A: 尽量不要用微波炉加热牛奶，因为用微波炉加热，会使牛奶加热不均，喝之前若不搅拌，可能会烫伤宝宝。

Q: 泡奶粉是上下摇晃还是左右滚动好？

A: 盖上奶瓶盖后，最好以双手滚动奶瓶，或用左右环状的方式摇晃奶瓶，将奶粉摇匀，以尽量不要产生气泡为佳。万一有气泡产生，应在喂奶时保持奶嘴前端充满奶，以避免宝宝吸入过多空气而导致胀气。

Q: 泡奶粉可以不遵照配比说明吗？

A: 婴儿配方奶的浓度相当重要，水量和奶粉的配比都是经过严格研究的，最适合宝宝摄取其中的营养素。如果太浓，超过宝宝的身体负荷，容易增加肾脏负担；太淡则可能无法摄取到足够的营养。因此千万不要随意调整。

Q: 奶粉为什么会出现结块现象？

A: 妈妈们可能经常发现一个问题，宝宝喝完奶后，奶瓶底部有时会出现奶块。这是因为泡奶时没有充分搅拌均匀，要避免这种情况，可以采取分次加奶粉的方式，同时多摇几下奶瓶，能让奶粉充分溶解。

Q: 如何避免宝宝喝进空气？

A: 用奶瓶喂食配方奶时，宝宝较容易吸进过多的空气，若要避免这种情况，可将奶瓶稍稍倾斜，不让奶瓶前方堆积空气。

Q: 宝宝呛奶怎么办？

A: 遇到宝宝轻微呛奶时，可将宝宝平躺，脸侧向一边或侧卧，轻拍宝宝背部，避免奶流入咽喉及气管，把奶吐出来后擦掉嘴角奶水，并观察呼吸是否顺畅。

Q: 奶粉开罐后最佳食用期限是多久？

A: 　　开罐后的奶粉尽量不要超过1个月，且应放在阴凉干燥处，并随时留意是否有变色或结块。奶粉结块、变色是因受潮所致，可能出现细菌滋生，不能再给宝宝食用。建议奶粉开罐后，在瓶身添加标注开罐时间，以免超过最佳食用期限。

Q: 如何改变宝宝半夜喝奶的习惯？

A: 　　以下的方法可以一种或者几种同时使用：

　　一、在晚上11点前让宝宝把一天的奶量喝完。

　　二、从早上7点到晚上7点，减少宝宝睡眠时间。

　　三、白天让宝宝多活动。

　　四、晚上11点喝奶时，尽量保持安静，培养宝贝睡眠情绪。如果宝宝这时半睡半醒，就很可能会在半夜醒来。

　　五、让宝宝有白天、黑夜之分，白天时拉开窗帘让光线充满房间，到了晚上睡觉时，则尽量将房间灯光调暗。

Q: 吐奶和溢奶怎么区分？

A: 　　如果奶水是慢慢从嘴角流下来的，通常是"溢奶"；如果奶汁流的量多，速度快，甚至是以喷射的方式从嘴里向外射出，就是"吐奶"。新生儿阶段溢奶比较常见，因为此时有生理性的胃食道逆流。待宝宝4～6个月，贲门括约肌发育成熟，溢奶现象就会改善。

Q: 如何减少宝宝溢奶？

A: 　　解决溢奶最好的方式是少量多餐。喂完奶后让宝宝躺下时，应将床垫提高15°～30°，让宝宝上半身都在垫高的床垫上；或者让宝宝右侧卧，因为胃部的走向是由左至右，右侧卧可减少胃食道逆流，避免溢奶。此外，不在宝宝大哭之后马上喂奶，也可以减少溢奶的发生。但如果宝宝溢奶的状况很严重且频繁，一定要马上就医，请医生查看有无其他疾病，如肥厚性幽门狭窄等。

Q: 喝奶后打嗝怎么办？

A: 　　宝宝刚喝完奶后，应将其抱坐在膝上，脸稍微朝下，或采用直立式抱姿，让宝宝靠在肩膀上，然后手掌虚空轻轻拍打宝宝背部，促使宝宝打嗝排气。但并不是每个宝宝在拍嗝后会立即打嗝，如果拍了5分钟都没有打嗝或排气，不用一直拍到打嗝为止，有时太过用力，反而会造成宝宝吐奶。拍嗝时应注意随时支撑宝宝的颈部，尤其是4个月前的宝宝，颈部肌肉还未发育完全，更要好好保护。拍嗝过后，可采用直立式抱姿，让宝宝靠在肩膀上。

五、混合喂养

　　混合喂养是指当母乳不足或无法按时喂奶，而宝宝又尚未到添加辅食的月龄时，在母乳喂养以外添加牛、羊奶或配方奶等的喂食方式。混合喂食分为两种方式：补授法和替代法。

　　补授法即在宝宝充分吮吸母乳后，不足部分用牛奶或其他配方奶补充，使宝宝获得充足的营养，并有饱足感。补授法适用于母乳不足的情况。

　　替代法即在妈妈无法供给母乳时，以牛奶等替代喂食。

　　不论因为何种原因采用混合喂食，妈妈都应持续哺喂母乳至产假结束。如果经过努力仍做不到，在宝宝出生后的2～4周内，应坚持一昼夜喂母乳不少于3次，才能保证宝宝少生病和降低罹患疾病的几率，也有助于妈妈继续授乳。

第二章

Chapter Two

4~12个月，科学及时地添加辅食

宝宝逐渐长大后，母乳或配方奶已经不能提供给宝宝足够的营养需求了，这时就要循序渐进地增添辅食。辅食指的是在宝宝能够完全接受固体食物之前的过渡期所吃的食物。只要开始进食固体食物，就应该算是正餐，而不是辅食了。

一、添加辅食的最佳时机

辅食能提供更多元、更完整的营养，包括热量、铁质与维生素，甚至是微量元素，如锌、铜等。渐次给予不同种类的辅食，可以让宝宝习惯多种口味，避免日后出现偏食的现象。

添加辅食的阶段可分为准备期（0~3个月）、前期（4~6个月）、中期（7~9个月）、后期（10~12个月）与完成期（13~15个月），食物的形态从稀糊状过渡到小块状。质地的改变是为了配合宝宝口腔的发育，由于每个宝宝的发育情况不尽相同，辅食的喂食也应该根据个体差异而有所调整。有的宝宝从4个月左右开始就能很快地接受辅食，但也有宝宝6个月才开始。一般建议，添加辅食最早不能早于4个月，最晚则要在6个月内开始。因为，6~12个月大的宝宝，正处于发展咀嚼与吞咽能力的关键期。对于宝宝来说，咀嚼与吞咽能力是需要学习的，如果没有练习，到了1岁以后就会拒绝尝试，即使肯吃，有时也会马上吐掉，造成喂食困难。

一般来说，泥状的辅食可以在宝宝4~6个月大时开始接触。要怎样知道宝宝可以开始喂呢？通常判断依据为：宝宝看大人吃东西时想要伸手去拿，宝宝看到大人吃东西会流口水，有时宝宝会张嘴看起来像要吃东西的样子，或者把东西放在他的手里，他会捏得很紧。

二、添加辅食应遵循的原则

给宝宝添加辅食的基本原则是循环渐进、逐渐增加。对宝宝来说，辅食是未曾接触过的新事物，身体会有一个识别和认同的过程，因此应循序渐进、逐渐增加。

具体添加时，应先从低过敏、淡口味的食物开始尝试。1次只喂食一种新的食物，从少量（如蛋黄，1/8→1/4个→1/2个）开始，食物的浓度应从稀到浓（如米汤→稀粥→米糊→稠粥→软米饭），粗细应由细到粗（如菜汁→菜泥→碎菜→菜叶→菜茎）。

添加辅食还要遵循从一种食物到多种食物的原则。每种食物从开始添加时的少量逐渐增加到所需量时，大约需要经历7～10天的适应期，随后再添加另一种食物。每一餐先从新食物吃起，不想吃了才加入已吃过的食物。一般来说，4～5个月时添加稀释果汁及蔬菜汤类，6～7个月时添加五谷根茎类，并尝试各种叶菜类和水果泥，8个月以上开始添加肉类。在宝宝患病期间或天气炎热时，不要增添新辅食。

辅食添加顺序表

开始添加月龄	名称	每天添加量
满月	浓鱼肝油（含维生素A、D）	由2滴渐增至6滴
	维生素K1片	喂母乳出生后2周至3个月宝宝，每周口服2毫克
	柳橙汁、苹果汁、葡萄汁（或维生素C片）	适量～3茶匙（维生素C片25～50毫克）
	复合维生素B片	1/4～1/2片
	钙片	200毫克
2～3月	菜汤、果汁、果酱、米汤	3～6汤匙
	鱼肉泥或鱼肉糊	1～2汤匙
4～6月	豆浆、米糊、稀粥	2汤匙，增至半小碗
	蛋黄	1/4个，增至1个
	动物血	少量加入糊或粥中，用汤匙试喂
	菜末～碎菜、水果泥	少量加入糊或粥中，用汤匙试喂
7～9月	糊粥、糊面	半碗至1小碗
	菜泥、土豆泥、胡萝卜泥	1～2汤匙加入粥中
	香蕉泥、苹果泥	直接喂食1～2汤匙
	豆腐、豆制品	适量～小块
	碎菜、小片叶菜	3～5汤匙加入粥、面中
	鱼肉、肉末、肝泥、肉松	适量～1汤匙
	烤饼干、馒头	少量
	蒸蛋	1个鸡蛋
10～12月	软饭、面条、鱼肉、肉末、肝泥、豆制品、小点心、水果、各种蔬菜	根据食欲及消化情况安排2～3餐辅食，或加2次点心

常见富含钙、铁、锌、碘食物表（每100克含量）

	含量高	含量次高
碘	**>20微克** 紫菜、海带、淡菜、虾皮、虾米、豆干、鹌鹑蛋、鸡蛋	**<20微克** 羊肝、猪肝、花枝、鸡肉、瘦牛肉、小白菜、黄豆、青椒、豆腐、白鲳鱼
钙	**>600毫克** 芝麻酱、配方奶、虾皮、黑芝麻粉、乳酪、全脂奶粉、婴儿营养粉	**<600毫克** 荠菜、豆干、豆腐、绿苋菜、青江菜、燕麦片、鲜奶
铁	**>20毫克** 黑木耳、松茸、芝麻酱、鸭血、五香豆干、鸡血、鸭肝、猪肝	**<20毫克** 河虾、羊肝、瘦肉、红糖、蛋黄、苋菜、菠菜
锌	**>10毫克** 鲜扇贝、小麦胚粉、牡蛎、小核桃（熟）	**<10毫克** 猪肝、羊瘦肉、口蘑、蘑菇、鸭肝、牛前腿肉

三、辅食添加有技巧

1. 4~5个月宝宝

宝宝4个月后，消化器官与消化功能逐渐完善，活动量增加，消耗的热量也增多，此时喂的食物要更复杂。只要宝宝体重增加正常（平均每天增长15~20克），就不需急于增加各类辅食。如果母乳越来越少，宝宝与以前相比，体重在10天内只增加100克，就需要增加牛奶或其他辅食。在母乳基础上，牛奶的喂食量可维持在每天300~600毫升。

宝宝4个月后，宝宝体内来自母体的铁已耗尽，母乳或牛奶中的铁又远远不能满足宝宝的需要，如果不及时补充，宝宝可能出现缺铁性贫血。此时妈妈应为宝宝添加蛋黄和谷类辅食，如米汤、稀粥等。

2. 5～6个月宝宝

喂母乳的宝宝，如果体重平均每天增加15克左右，或10天内只增加120克左右，就应该为宝宝添加200毫升的牛奶。喂配方奶的宝宝，如果10天内增加体重保持在150～200克是比较适当的，如果超出200克就要加以控制。通常，每天牛奶总量不要超过1000毫升，不足的部分可用代乳食品来补足。

为5～6个月宝宝添加的辅食以粗颗粒食物为佳，因为此时的宝宝已经准备长牙，有的宝宝已经长出一两颗乳牙，进食粗颗粒食物可以训练宝宝的咀嚼能力。此时宝宝已进入断奶初期，每天喂食鱼肉泥、蛋黄泥等食物，以补充铁和动物蛋白，也可喂食粥和软烂的面条等，以补充热量。如果宝宝对吃辅食很感兴趣，可以酌情减少1次奶量。

3. 6～7个月宝宝

宝宝6个月以后，主食仍是乳类食品，代乳食品只能作为试喂品，让宝宝练习吃。此时可以增加半固体的食物，如粥或面条，但粥不含动物蛋白，营养价值与牛奶、母乳相比要低得多，因此，粥或面条1天只能喂食1次，而且要调制成鸡蛋粥、鱼肉粥、肉末粥、肝末粥等。如果宝宝体重正常增加，可以停喂1次母乳或牛奶。

宝宝6个月后，可将香蕉、水蜜桃、草莓等水果制成泥给宝宝吃。苹果和梨用汤匙将果肉刮碎喂食，也可喂食葡萄、橘子等水果，但要洗净去皮后再喂食。

4. 7～8个月宝宝

宝宝7个月时开始出乳牙了，具备了咀嚼能力，舌头也有搅拌食物的功能，对饮食也越来越显示出个人喜好，喂食必须随之改变。此时，宝宝可继续吃母乳和牛奶，但母乳和牛奶中所含的营养成分，尤其是铁、维生素、钙等已不能满足宝宝生长发育的需要，而且，乳类食品提供的热量已经不能补充宝宝日益增多的运动量所消耗的热量。此时宝宝进入断奶中期，奶量只维持每天500毫升左右即可，增加半固体性的食品，可用谷类中的米或面来替代2次乳类喂食。代乳食品可以选择馒头、饼干、猪肝末、动物血、豆腐等。

5. 8~9个月宝宝

即使母乳充足，宝宝过了8个月，妈妈也要下决心断奶了。"配方奶宝宝"这时也不能将牛奶当做主食，一定要增加代乳食品，但是每天的牛奶总量仍要保持在500~600毫升。辅食以柔嫩、半固体为佳，可食用碎菜、鸡蛋、粥、面条、鱼肉、肉末等。如果宝宝不喜欢吃粥，而是对成人吃的米饭感兴趣，也可以让宝宝尝试吃，如未发生消化不良等现象，也可喂食软烂的米饭。

为宝宝添加的蔬菜种类应多元化，如胡萝卜、番茄、洋葱等。对经常便秘的宝宝可选择菠菜、卷心菜、萝卜等含纤维多的食品。还可以将苹果、梨、水蜜桃等水果切成薄片，让宝宝拿着吃；香蕉、葡萄、橘子可让宝宝整个拿着吃。

6. 9~10个月宝宝

9个月以后的宝宝，乳牙已经长出4颗，消化能力也增强了。妈妈母乳充足时，可在宝宝中午、晚上睡前喂1次，白天应逐渐停止喂母乳。"配方奶宝宝"的喂奶量仍应保持在每天500毫升左右。因为此时宝宝已经逐渐进入断奶后期，代乳食品可安排3次，辅食可选择软米饭、肉（以瘦肉为主），也可以在粥或面条中加入肉末、鱼肉、蛋、碎菜、土豆、胡萝卜等，用量应逐渐增加。还可增加喂食点心，如饼干、馒头等固体食物，并补充水果。

此时的宝宝，已经可以自己拿着水果吃了，在吃水果前，一定要将宝宝的手和水果都洗干净，水果要削皮。

7. 10~11个月宝宝

10个月以后的宝宝，乳牙已经长出4~6颗，有一定的咀嚼能力，消化功能也大大增强，此时可以尝试断奶，完全食用代乳食品和牛奶。断奶后，用主食替代母乳，并在上午和下午各安排1次牛奶和点心，以弥补代乳食品中矿物质的不足。吃配方奶的宝宝，此时应减少牛奶量，每天牛奶量不超过500毫升。此时的宝宝可以吃软米饭之类的食物，辅食的用量也应增加。

如果宝宝以往的辅食以粥为主，而且宝宝能吃完1小碗，此时可以在宝宝吃粥前喂食2～3匙软米饭，让宝宝逐渐适应。如果宝宝爱吃，而且消化良好，可逐渐增加。蔬菜可以选择菠菜、大白菜、胡萝卜等，水果可选择橘子、香蕉、番茄、草莓、葡萄等。

8. 11～12个月宝宝

宝宝将近1岁时，已经可以正常吃主食了，但补充的牛奶量仍不应低于每天350毫升。宝宝断奶后，谷类食品成为主食，热量大部分由它们来提供。因此，宝宝的饮食要以米、面为主，同时搭配动物性食材，以及蔬菜、豆制品等。随着宝宝消化功能的逐渐完善，在食物的搭配制作上也应经常变换花样，如小包子、小饺子、馄饨、馒头、花卷等，以提高宝宝进食的兴趣，同时可以开始训练宝宝自己用汤匙进食了。

四、帮宝宝顺利度过断奶期

1. 什么时候断奶好

在宝宝断奶前，应为其添加牛奶或其他乳制品，并逐渐替代母乳，这个过程通常要经历几个月。

对于按时添加辅食，并已养成进食习惯和适应牛奶的宝宝来说，1岁左右是最适宜的断奶年龄。在宝宝还不太适应辅食和配方奶，罹患疾病或正值盛夏或寒

冬等，母乳喂养可延至出生后第二年，因为母乳是宝宝获得热量和蛋白质的重要来源，也有助于宝宝抵抗某些传染性疾病。

2. 断奶的技巧

在准备断奶前，应逐步为宝宝添加牛奶或其他乳制品，从少量开始逐渐增加到替换1次母乳，随后逐渐以牛奶或其他乳制品完全替代母乳。不妨先用牛奶替换白天的母乳，再停止夜间喂母乳。

在逐渐减少喂母乳次数的几个月中，妈妈在每次用配方奶喂宝宝时，要注意语言抚慰和眼神交流，使宝宝专心进食，喂食完毕后要和宝宝一起玩耍片刻。同时要为宝宝添加辅食，并逐渐增加辅食的种类和数量，也要观察宝宝的大便情况。当宝宝已适应配方奶，且辅食可满足宝宝营养需要后，通常在1岁左右就可以顺利断奶。

五、宝宝的营养美食初体验

1. 4～6个月宝宝的营养美食

Q：哪些食物是4～6个月宝宝还不能吃的？

A：
4～6个月时，宝宝刚刚接触辅食的阶段，最好从味道清淡的食物开始尝试，最先以汁为主，只是尝试不同味道。当已学会用汤匙，则可以慢慢增加浓稠度，便于喂食与吞咽，然后需视其发育状况，改变食物的种类。硬的食物不要给宝宝吃，因为宝宝刚刚在开始练习吞咽与咀嚼的阶段，太硬的食物无法吞咽，容易呛到。高过敏性的食物也不要喂，如蛋白。虾、蟹等带壳生鲜类食物则建议1岁以后再食用。

Q： 4个月以上的宝宝需要开始摄取维生素C了吗？

A： 4个月以后的宝宝，从母体带来的铁质日趋不够，添加富含维生素C的水果可以促进铁质的吸收。

美味软食

Q： 米糊与米汤有什么区别？

A： 米糊比米汤浓稠，但又比米粥稀，几乎看不出来粒状。煮之前将米用清水浸泡，这样比较容易煮烂，利于宝宝吸收。母婴店、超市有现成的米粉出售，用温开水搅拌成米糊即可食用。

米糊

材料： 大米15克，清水150毫升

做法：

1. 将大米略微淘洗后放入清水500毫升中浸泡2小时左右，再将浸泡后的大米放入锅中，加清水熬煮成稀饭。
2. 待稀饭冷却到常温时，用果汁机搅打成糊状，过滤后喂食。

育儿食经： 均匀细腻，味道清淡自然，宝宝非常喜欢。

米汤

材料：大米15克，清水150毫升

做法：

1.将大米略微淘洗后放入清水中浸泡 2 小时左右，再将浸泡好的大米连同浸米水一同倒入锅中，加适量清水，大火煮沸。

2.煮好后，改以小火焖煮，经常用汤勺搅拌，防止粘锅。煮至大米呈黏稠状时熄火，取稀饭表层的米汤，冷却后给宝宝食用。

育儿食经：此时宝宝所饮用的米汤，未吃到米粒，喝得也不多，所以吸收到的热量并不多，也不易引起宝宝食物过敏。但其营养成分只有糖类，其他营养素几乎没有。

果酱

材料：藕粉40克，白糖5克，新鲜多汁水果适量，冷开水、清水适量

做法：

1. 将新鲜多汁水果洗净去皮，放入榨汁机中榨出果汁。将果肉与果汁分别装入两个容器中，备用。藕粉用冷开水调成浆。

2. 汤锅中注入适量清水，调入白糖，烧至沸腾后，倒入果肉，再用小火稍煮后将锅中表层的清液舀出冲入藕粉浆中，拌匀。再调入果汁一起搅拌，即成果酱。放至温度适宜时，以汤匙喂食即可。

育儿食经：新鲜多汁水果以当季水果为最佳。

Q： **如何尝试不同的主食，让宝宝不挑食？**

A： 尝试不同的主食类，像燕麦、小米等，可以给予宝宝多种口味，培养宝宝不挑食的饮食习惯，使营养更均衡。

香蕉米糊

材料：香蕉1根，米粉3克（约1汤匙），温
开水适量

做法：

1.将香蕉去皮，取适量放入碗中，用汤
匙压成蓉。

2.米粉用温开水调成糊状，加少量香蕉
蓉混合拌匀，每次以半汤匙的量喂给宝
宝食用。

育儿食经： 选用的米粉要根据宝宝的不同成长阶
段而做调整。

绿蔬瓜果糊

材料：卷心菜1/4颗，菠菜20克，小南瓜
20克，苹果汁半勺

做法：

1.把卷心菜、菠菜洗净，入沸水中焯水，
再切细；小南瓜洗净，切块。

2.将切好的卷心菜、菠菜、小南瓜入搅拌
机中搅打成糊状，再淋入苹果汁即可。

育儿食经： 麦精富含麦芽糖、葡萄
糖、果糖、小分子蛋白肽、多种维生
素和微量元素，具有纯正、浓郁、持
久的麦香风味。宝宝逐渐适应了稀状
麦精后，可逐步减少水量，变成5克麦
精配30毫升的冷开水。

麦精

材料：现成麦精5克（约2匙），冷开水
50毫升

做法：

将冷开水兑入麦精中，调成稀状，以汤
匙喂食。

燕麦糊

材料：燕麦片9克（约3匙），清水适量

做法：

1.将燕麦片兑适量清水倒入锅中，煮熟。

2.将煮好的燕麦片冷却到常温后，用果汁机搅打成糊，过滤后，可再加入少量母乳或配方奶，以汤匙喂食。

育儿食经：燕麦富含水溶性纤维，会增加大便的体积，但如果水分太少，会造成便秘。刚开始尝试辅食的宝宝，不需额外刻意补充水分。如果进食燕麦片的量增加，可酌量增加水分。

糙米糊

材料：糙米80克，清水500毫升

做法：

1.将糙米略微淘洗后放入清水中浸泡2小时。

2.将浸泡好的糙米连同浸米水一同煮沸，熬成粥。

3.将煮好的粥冷却到常温后，用果汁机搅打成糊，过滤后以汤匙喂食。

育儿食经：糙米煮粥时，因为宝宝还不太会吞咽其中所含的纤维，一定要用果汁机搅打，将纤维打散过滤才可食用。

育儿食经：想做得稍稀一点的话，可加入海带汤或果汁。

橙汁味胡萝卜糊

材料：胡萝卜30克，橙1个，清水适量

做法：

1.胡萝卜切碎，加水煮熟后，盛放在过滤杯中。

2.把橙子切成两半，用榨汁机榨出橙汁。

3.往过滤杯中倒入橙汁和胡萝卜糊，一块搅匀即可。

鱼肉糊

材料：鱼肉50克，鱼汤、淀粉各少许

做法：

1.将鱼肉切成2厘米大小的块，放入开水，煮熟。

2.除去鱼骨刺和皮，将鱼肉放入碗内研碎，再放入锅内加鱼汤煮，再将淀粉用水调匀后倒入锅内，煮至糊状即可。

育儿食经：此菜软烂，味鲜，含有丰富的铁和维生素A、D，还含有较多的钙、磷、钾等矿物质。

牛奶花生芝麻糊

材料：大米50克，花生仁20粒，黑芝麻20克，牛奶200毫升，清水适量

做法：

1.将黑芝麻、花生仁研磨成粉末，备用。

2.将大米淘洗干净，浸泡1小时后，放入锅中加适量清水煮至糊状。

3.在煮好的米糊中加入牛奶、花生粉、芝麻粉，搅拌均匀，小火焖煮2分钟左右即可。

育儿食经：花生含有大量的蛋白质和脂肪，特别是不饱和脂肪酸的含量很高，很适宜给宝宝做成各种营养食品。

苹果泥

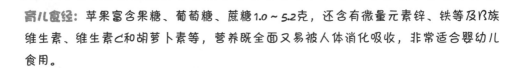

材料：苹果半个

做法：

1.将苹果洗净、去皮、切半。

2.用研磨板磨成泥状，盛在碗中即可喂食。

育儿食经： 苹果富含果糖、葡萄糖、蔗糖1.0～5.2克，还含有微量元素锌、铁等及B族维生素、维生素C和胡萝卜素等，营养既全面又易被人体消化吸收，非常适合婴幼儿食用。

卷心菜泥

材料：卷心菜叶50克，清水适量

做法：

1.将卷心菜菜叶去梗、茎，洗净后加清水，放入汤锅中煮熟。

2.取出菜叶，放入果汁机中搅打成泥状，去渣和匀，以汤匙喂食即可。

育儿食经： 卷心菜含有很多种植物素，以及胡萝卜素、叶黄素、吲哚类、萝卜硫素、葡糖二酸等，从小培养宝宝多吃蔬菜的好习惯，可从中获得不同的抗氧化物质。

小米糊

材料：小米10克，水150毫升

做法：

1.将小米淘洗干净，放入锅中加水熬煮成粥。

2.将煮好的稀饭冷却到常温后，用果汁机搅打成糊，过滤后以汤匙喂食。

育儿食经： 小米富含胡萝卜素（每100克含量达0.12毫克），且维生素B_1的含量位居所有粮食之首，是理想的宝宝食物。

木瓜泥

材料：木瓜50克

做法：

1.木瓜洗净切开，去瓤。

2.用汤匙刮取木瓜肉，装入碗中，压碎碾成泥，以汤匙喂食即可。

育儿食经： 木瓜富含17种以上氨基酸及钙、铁等，还含有木瓜蛋白酶、番木瓜碱等。木瓜与同等重量的柑橘类水果相比，所含的维生素C更高。但番木瓜碱对人体有小毒，每次不宜过量食用，过敏体质应慎食。

香蕉泥

材料：熟透的香蕉1只，母乳或配方奶适量

做法：

1.将熟透的香蕉去皮，取适量放入碗中，压成泥。

2.在碗中调入适量母乳或配方奶，拌匀，以汤匙喂食。

育儿食经： 香蕉含有被称为"智慧之盐"的磷，又富含蛋白质、糖、钾、维生素A和维生素C，同时膳食纤维也多，是相当好的营养食品。

土豆泥

材料：土豆40克，母乳或配方奶适量

做法：

1.将土豆洗净去皮，切小块，放入蒸笼中蒸至熟烂。

2.取出蒸熟的土豆装入碗中，用汤匙压成泥状，加适量母乳或配方奶调匀，以汤匙喂食即可。

育儿食经： 土豆中的蛋白质比大豆还好，最接近动物蛋白，还含有丰富的赖氨酸和色氨酸。土豆还富含钾、锌、铁、磷、维生素C和维生素B_1、B_2，是婴幼儿的理想辅食之一。

南瓜泥

材料：南瓜50克，母乳或配方奶适量

做法：

1.将南瓜洗净去皮，切成小丁，放入蒸笼中蒸至熟烂，取出后装入碗中，用汤匙压成泥状。

2.调入适量母乳或配方奶，与南瓜泥拌匀，以汤匙喂食。

育儿食经： 南瓜较甜，宝宝吃了后，便会喜欢这种甜味，而对米、麦类等粗粮口味就不怎么爱吃了，因而容易造成挑食。所以建议妈妈们先从米、麦类软泥开始，然后再尝试南瓜泥。

青菜泥

材料： 青菜80克，食用油、清水少许

做法：

1.将青菜洗净，去梗，取菜叶撕碎，放入沸水锅中快速焯烫片刻，捞起放在干净的筛网上，捣烂成泥，用汤匙压挤一下，滤出菜泥。

2.热锅加入食用油，放入菜泥略炒即可。

育儿食经： 此菜适合6个月及以上的宝宝食用。

番茄蓉

材料： 番茄150克

做法：

1.先将番茄洗净，放在沸水里煮至可以褪去外皮。

2.剥去番茄皮，切开番茄，去籽。

3.把番茄搅成蓉状即可。

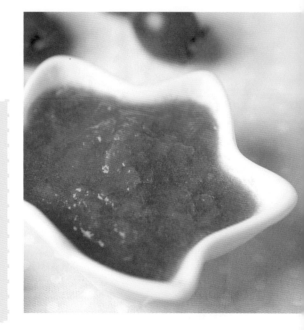

育儿食经： 番茄味道酸甜，很多宝宝都很喜欢食用。不过要留意，番茄是一种食物过敏原，给宝宝吃过后要留意他们有没有过敏反应，如果嘴巴附近出现红斑，便要停止食用。

鱼肉泥

材料：活鱼1条，清水适量

做法：

1.将活鱼去鳞、剖腹、去内脏后，清洗干净，放入沸水锅中汆烫片刻，剥去鱼皮。

2.锅内注入适量清水，放入鱼，大火煮约10分钟，至鱼肉软烂，出锅装盘，剔除骨刺。

3.将鱼肉捣碎，以汤匙喂食。

育儿食经：喂给宝宝鱼泥时，一定要注意将鱼刺清理干净。

胡萝卜蓉

材料：胡萝卜150克、清水适量

做法：

1.将胡萝卜洗净去皮，切粒。

2.将胡萝卜加适量清水煲 20~30分钟，至完全熟透。

3.搅烂即可。

育儿食经：胡萝卜含有丰富的胡萝卜素，胡萝卜素可转化成维生素A，帮助身体制造保护体内器官及组织的黏液，更是帮助视网膜上杆状细胞发育的主要元素，降低患"夜盲症"的几率。所以，对宝宝来说，这是很好的常用食物。

玉米蓉

材料：玉米1个（约150克）

做法：

1.先将玉米切成段，放入沸水煮
45分钟左右，直至玉米熟透。

2.待玉米稍微放凉后，取玉米粒
放入搅拌机中，搅打成蓉即可。

育儿食经： 玉米富含蛋白质及纤维素，还含有胡萝卜素、钙、磷、铁等。玉米拥有清甜
的味道，无论是做粥或做汤，宝宝都会喜欢。

芝士薯蓉

材料：红薯100克，芝士30克，清
水适量

做法：

1.将红薯洗净，去皮切粒，待用。

2.水煮沸后，将红薯放入，煲至
熟烂。

3.将红薯压成蓉状，放上芝士，让
红薯的热气将芝士融化即可食用。

育儿食经： 芝士富含钙、蛋白质、磷等
人体所必需的元素。

果蔬奶汁

Q: 宝宝第一次喝的果汁要稀释吗?

A: 水果含有甜度及酸度,对于初次食用的宝宝,一定要先以凉开水稀释,等宝宝适应后才能循序渐进增加浓度。

苹果汁

材料:苹果半个,凉开水适量

做法:

1.将苹果洗净,削皮,去核,榨汁。

2.往苹果汁中兑入等量的凉开水,稀释拌匀后,以汤匙喂食。

育儿食经: 苹果是水果类中较不容易造成过敏的水果之一,建议宝宝第一次饮用的水果汁从苹果开始。

Q: 喂食果汁与蔬菜汁有何要领?

A: 喂食新鲜果汁或蔬菜汁,最好用汤匙来少量喂食,小心别让宝宝呛到了。喂食时间最好在两餐母乳或配方奶之间,刚开始可以每天给一种果汁,观察没有过敏现象时,再给新的种类。等宝宝适应后,最好能一次给蔬菜汤、一次给果汁,让宝宝得到均衡的营养。

哈密瓜汁

材料：哈密瓜1块

做法：

1.将哈密瓜洗净，挖出果肉。

2.将果肉榨汁，以汤匙喂养。

育儿食经：哈密瓜含有丰富的维生素A和胡萝卜素，有助于宝宝的视力保健。

红枣汁

材料：干红枣4颗，清水适量

做法：

1.红枣用清水冲洗干净，放入锅内，注入少量清水，煮沸。

2.用小刀剔除红枣核和红枣皮，放入沸水锅中熬煮成汁，冷却到合适的温度后，即可喂食。

育儿食经：初次喂食宝宝红枣汁时，需加温开水稀释，然后再逐渐提高浓度。

西洋梨汁

材料：西洋梨80克

做法：

1. 将西洋梨洗净，去皮，切成小块。
2. 将梨肉榨汁，过滤后，用汤匙喂食。

育儿食经：西洋梨含有维生素A及胡萝卜素，能让黏膜具有抵抗力，对于感冒病毒比较有抵抗力。此外，所含的果胶（水溶性纤维）能增强肠胃蠕动，帮助消化。

葡萄汁

材料：葡萄20克，热开水、凉开水各适量

做法：

1. 将葡萄洗净，放入碗中，用热开水浸泡2分钟后取出，去皮。
2. 将葡萄压榨出汁。
3. 在葡萄汁里兑入等量的凉开水，以汤匙喂食。

育儿食经：葡萄含有大量的多酚物质，葡萄的皮与籽也富含营养，如果家里有食品料理机，可以将清洗干净的葡萄整个搅拌、压榨、过滤出葡萄汁，兑凉开水食用。

西瓜汁

材料： 西瓜约30克

做法：

1.将西瓜去籽，瓜肉切成小块。

2.将西瓜压榨后，过滤出西瓜汁。

3.在西瓜汁里兑入等量的凉开水，搅拌均匀，以汤匙喂食。

育儿食经： 婴儿在短时间内进食较多西瓜，会造成胃液稀释，再加上婴儿消化功能没有发育完全，会出现严重的胃肠功能紊乱，引起呕吐、腹泻，以致脱水、酸中毒等症状，因此只宜少量食用。

Q: 什么时候开始让宝宝喝西瓜汁？

A: 西瓜含糖量较高，宝宝接收度高，但为了避免宝宝拒吃其他偏酸味的水果，建议先试其他水果汁，再喝西瓜汁。

菠萝汁

材料：菠萝半个

做法：

1.将菠萝去皮去刺，切成小块，装入碗中。

2.将菠萝压榨，过滤出果汁，以汤匙喂食即可。

育儿食经： 新鲜的菠萝含有菠萝酵素，可帮助消化。

圣女果汁

材料：圣女果6个，凉开水适量

做法：

1.圣女果洗净去蒂，放入碗中。

2.将圣女果压榨，过滤出果汁后，兑入等量的凉开水，稀释拌匀，以汤匙喂食即可。

育儿食经： 为了避免宝宝出现过敏反应，首次添加时要少量给宝宝喂食，并注意观察，没有过敏再逐量添加。

菠菜汁

材料：菠菜50克，清水适量

做法：

1.菠菜洗净切断，放入沸水中煮至熟烂。

2.捞出菠菜，取煮好的菠菜汤汁，冷却至合适的温度后，以汤匙喂食。

育儿食经： 菠菜中所含的胡萝卜素能在体内转化为维生素A，能维护正常视力和上皮细胞的健康，增强预防传染病的能力，还能促进婴幼儿的生长发育。

Q: 宝宝先吃什么蔬菜类辅食？

A: 宝宝尝试辅食时，先以绿色蔬菜为主，再吃浅色蔬菜或是瓜类蔬菜。菠菜的蔬菜味重，若宝宝适应良好，以后其他的蔬菜应都能适应。

西兰花汁

材料：西兰花20克，清水适量

做法：

1.将西兰花洗净，去茎后放入沸水锅中煮熟。

2.捞出西兰花，把汤汁冷却至合适的温度后，以汤匙喂食。

育儿食经： 西兰花中的营养成分，含量不仅高，而且全面，主要包括蛋白质、碳水化合物、脂肪、矿物质、维生素C和胡萝卜素等，非常适合生长发育期的婴幼儿及青少年儿童。

空心菜汁

材料：空心菜50克，清水适量

做法：

1.将空心菜洗净，取鲜嫩的菜叶部分，放入汤锅中，注入适量清水煮至熟。

2.捞出空心菜，取汤汁，冷却至合适的温度后，以汤匙喂食。

育儿食经： 空心菜为夏秋季节主要绿叶菜之一，其蛋白质含量比同等量的番茄高4倍，钙含量比番茄高12倍多，并含有较多的胡萝卜素。

红薯叶汁

材料：红薯叶50克，清水适量

做法：

1.将红薯叶洗净，放入锅中，加适量清水煮熟。

2.捞出红薯叶，取汤汁，冷却至合适的温度后，以汤匙喂食。

育儿食经： 红薯叶含维生素A，对于宝宝的皮肤、头发和指甲的健康生长都很重要。

小白菜汁

材料：小白菜50克，清水适量.

做法：

1.将小白菜洗净，去掉菜梗，取菜叶，锅中加入清水熬煮。

2.捞出菜叶，将菜汁冷却至合适的温度后，以汤匙喂食。

育儿食经： 小白菜属于十字花科的蔬菜，富含多种维生素，其中维生素C的含量在青菜中属于较高的。

番茄汁

材料：番茄1个，清水适量

做法：

1.将番茄去蒂，洗净，切碎后放入锅中，加适量清水熬煮成汤汁。

2.将汤汁过滤、冷却后，以汤匙喂食。

Q：过敏宝宝怎么喝番茄汁？

A： 有少数的宝宝对番茄过敏，严重者建议1岁以后尝试喝番茄汁，否则可以与其他果蔬汁轮流饮用。

育儿食经： 番茄含有的维生素K是刺激成骨细胞活性的重要因子，能促进骨钙质堆积，有助于骨骼保健。

玉米汁

材料：新鲜玉米1个，白糖少许，温开水、清水适量

做法：

1.新鲜玉米冲洗干净后加清水煮熟，放凉后将玉米粒掰下来。

2.将玉米粒放入果汁机中，加等量的温开水搅打出汁，放少许白糖拌匀即可。

育儿食经： 玉米含有的黄体素、玉米黄质可以对抗眼睛老化。此外，多吃玉米还能刺激大脑细胞，促进大脑发育，增强记忆力。

原味豆浆

材料：黄豆20克，清水适量

做法：

1.将黄豆洗净，放入冷水中浸泡4小时以上。

2.将黄豆放入豆浆机中，注入200毫升清水，搅打出汁。

3.将过滤好的豆浆，盛出冷却到合适的温度时，即可喂给宝宝食用。

育儿食经：婴幼儿豆浆不要喝得太多，不然不利于消化吸收。

Q：为什么原味豆浆才是适合宝宝喝的豆浆？

A： 给宝宝喝豆浆无关好不好喝，重点在让宝宝尝试不同食材的味道。因此，豆浆不需要加糖。

迷你主食

Q：宝宝喝的粥该怎样烹煮？

A： 用小火将米与水熬成粥即可喂食，如果宝宝已经适应多种蔬菜，可以在里面加入少许的肉泥、蔬菜或鱼肉、蛋等，就是一道可口营养粥。

赤豆粥

材料：大米50克，赤豆15克，红糖、清水适量，糖桂花少许

做法：

1.将赤豆与大米分别淘洗干净。

2.将赤豆放入锅内，加入适量清水，煮至烂熟，再加入清水与大米，用大火煮沸后，转用小火，煮至黏稠。

3.加入适量红糖，烧开后盛入碗内，撒上少许糖桂花即成。

育儿食经：此粥色泽红润，香甜爽口，诱人食欲，极受婴幼儿欢迎。

牛奶面包粥

材料：面包1/8片，奶粉4大勺，温开水适量

做法：

1.面包切掉边缘，撕成小块，盛入碗中。

2.奶粉兑入温开水，搅拌均匀后，倒入面包块中混合，放在微波炉中加热约20秒后取出。

3.将加热后的牛奶、面包搅拌均匀，使块状物溶解，取过滤、溶解后的牛奶面包粥糊喂给宝宝食用。

育儿食经：面包放置起来容易变硬，可以把面包烤一下或冷藏一天一夜后再用来制作牛奶面包粥。

育儿食经： 海带能提供天然的鲜味与盐味，制作时不必再添加盐。但刚开始给宝宝吃时，量一定要少。

海带粥

材料：干海带1小块，大米40克，水适量

做法：

1.将干海带用热水泡软洗净，放入锅中加水煮至沸腾，捞出后切成小块或细丝。

2.大米淘洗干净，与海带一起放入锅中熬煮成粥，拣出海带，将粥用果汁机搅打成糊，以汤匙喂食。

鱼泥粥

材料：鲳鱼1条，大米40克，水适量

做法：

1.鲳鱼去鳞，剖腹洗净，切取鱼腹，片成鱼片。大米淘洗干净，加水熬煮成粥。

2.锅中加入鱼肉片与粥同煮，煮熟后捞出，压成泥状，与粥混合，以汤匙喂食。

育儿食经： 鲳鱼腹部的鱼肉鲜嫩无刺，且富含DHA，有助于宝宝大脑发育。刚开始喂食时可以先喂鱼汤，适应后将鱼汤加入米粥一起煮食，之后，再将鱼肉煮熟压泥，加在粥或面食类中，以汤匙喂食。

磨牙面包条

材料：新鲜面包4片，鸡蛋1个

做法：

1.鸡蛋打入碗中，搅成蛋液。

2.将新鲜面包片切成细条状，裹上蛋液，放入烤箱内烤熟即可。

育儿食经： 有些宝宝6个月大的时候开始长牙了。因为长牙，宝宝的牙龈会发痒，细心的父母们可准备一些磨牙的小食品，帮助宝宝度过"牙痒期"。

猪血粥

材料：大米40克，新鲜猪血、水适量，盐少许

做法：

1.将大米淘洗干净，加水熬煮成粥。

2.将新鲜猪血加少许盐凝结后，放入锅中煮熟。

3.将煮好的猪血捣碎成泥状，加入白粥中混合拌匀，以汤匙喂食即可。

育儿食经： 动物血不仅提供优质蛋白质，还含有许多生物利用率较高的血红素铁质。为增加宝宝食物的多样性，还可以在猪血中拌入一些豆腐，一起调入白粥中。其他的动物血，如鸡血、鸭血也可以给5个月以上的宝宝食用。

营养汤羹

Q: 宝宝何时开始喝蔬菜汤？

A: 　等到宝宝已经适应稀释果汁，且没有出现任何不适后，就可以开始尝试蔬菜汤了。初期应以单一菜汤为主，不要添加任何调味料。因为宝宝的味觉细胞很敏感，蔬菜的原味对宝宝来说已经是全新的尝试了！有很多蔬菜都适合做蔬菜汁，例如胡萝卜、菠菜、卷心菜、小白菜、苋菜等，可依当季季节来选择适当的蔬菜种类。

牛肉米汤

材料：牛肉20克，水半杯，熟蛋黄
1/3个，米粉2大勺

做法：

1.牛肉洗净，切细。

2.把米粉和牛肉放入锅中，倒入水轻
轻搅匀，烧开。

3.煮至牛肉熟烂，放入熟蛋黄再煮一
会即可。

育儿食经： 用作断奶初期的食物时，一定要滤出固体，仅喂食米汤。

小麦蔬菜高汤

材料：小麦150克，胡萝卜100克，卷心菜120克，玉米粒100克，鲜香菇2朵，
清水适量

做法：

1.小麦、玉米粒淘洗干净，沥干水分；胡萝卜洗净去皮，切成块；卷心菜去
梗洗净，撕成大片；鲜香菇去蒂洗净，切成块。

2.汤锅内注入清水，放入小麦、玉米粒、胡萝卜、卷心菜、香菇，用大火煮
沸后，转至小火，维持高汤沸腾，煮约1小时后熄火。

3.舀出高汤，过滤掉所有的食材和杂质碎末，待汤汁降至常温后即可密封
好，放入冰箱冷藏。

育儿食经： 小麦含有丰富的蛋白质、糖类、维生素和矿物质，可以增强宝宝的活动力和
抵抗力。小麦蔬菜高汤可用来煮胚芽米粥，十分爽口。

翡翠羹

材料：菠菜50克，鸡肉25克，鸡蛋白1/2个，食用油5毫升，淀粉、水或鸡汤、香油适量

做法：

1.将菠菜择洗干净，放进开水锅内焯一下捞入冷水盆内浸过，挤干水，用刀剁成菜泥。

2.炒锅放食用油烧热，放入菜泥炒一下，添入适量水或者鸡汤，烧开后，用淀粉勾芡呈稠羹状盛入碗内。

3.将鸡肉洗净，用刀剁成肉泥，加入鸡蛋白、淀粉沿一个方向搅匀。

4.炒锅放入食用油烧热，加入鸡肉泥炒熟，盛入菠菜羹碗内，食用时可加少许香油。

育儿食经：此羹味道鲜香，富含胡萝卜素。

芹菜米粉汤

材料：芹菜100克，米粉250克，水适量

做法：

1.芹菜洗净，切碎，米粉泡软备用。

2.汤锅中加水煮沸，放入芹菜碎和米粉，焖煮3分钟左右即可。

育儿食经：米粉含有丰富的碳水化合物、维生素、矿物质等，易于消化，适合给宝宝当主食。芹菜内含丰富的维生素、纤维素，是宝宝摄取植物纤维的好来源。

2. 7～9个月宝宝营养美食

Q: 什么时候需要注重宝宝辅食的营养均衡原则?

A: 　宝宝过了7～8个月后,可以吃的食物种类变多了,这时每天的食谱中,就要开始适量地注重营养均衡原则,因此别忘了组合谷类、蔬菜、水果等,维持均衡的营养。

Q: 外出游玩时,如何准备宝宝的辅食?

A: 　准备能整份带出门的水果,如香蕉、苹果等,再带个碗与汤匙,就能刮出果泥喂给宝宝吃了。把煮好的粥放进保温瓶中,也能够持续保温。还可以买现成的罐头食品。如果觉得制作麻烦,也可以买白吐司或馒头在路上喂食。如果是夏天出游,要避免太阳直射食物,以免变质。

Q: 该为宝宝添加营养剂吗?

A: 　有些母乳宝宝长得较精瘦,让父母误以为宝宝营养不良,而想为其添加营养剂。其实,宝宝从7～8个月开始,身高会逐渐拉长,体型不似前几个月圆润,这是自然现象,不用过于担心。至于是否需要添加营养剂,则应该听从儿科医师的建议,不建议父母自己购买营养剂添加在辅食中。

Q: 宝宝用舌头顶出食物，表示不喜欢吃吗？

A: 　宝宝用舌头顶出食物，可能只是一种反射动作，不代表不喜欢吃，只要多尝试几次，他就会开始吃。此外，有时宝宝会因为不喜欢有颗粒的食物，而将送入嘴巴的食物用舌头顶出来，但又不能一直喂糊状食物，因此父母会觉得很困扰。遇到这种情况，可以准备一些能让宝宝自己用手拿着吃的小食品，例如磨牙棒、手指饼等，激起他自行进食的兴趣。这样多试几次，一般都能顺利进食了。

Q: 需要帮宝宝清洁舌苔或者乳牙吗？

A: 　很多妈妈以为，宝宝还没长牙，不需要清洁口腔，这个观念是错误的。虽然宝宝的第1颗乳牙是在6～8个月中萌出的，但乳牙早在宝宝出生时就已经在牙床里发育完成了。因此，在还没长牙前，就应该要注意保持宝宝口腔的清洁，当喝完奶或吃完辅食后，可以用干净的纱布伸进宝宝的口腔中轻轻擦拭舌苔和牙龈，保持口腔的干净，以预防奶瓶性龋齿的发生。

Q: 为什么有些食物宝宝吃下去后，又完好如初地从便便中排出来？

A: 　胡萝卜、金针菇这类食物确实在吃进去后会完好如初地从便便中排出来，这也属于正常现象，因为宝宝的胃肠发育还未完全成熟，对于高纤维食物暂时没办法消化，只要没有出现异常状况，如腹泻，都不需要担心。若宝宝愿意吃，就应该继续喂食。

Q：宝宝因生病而暂停辅食，康复后需从头开始吗？

A： 需要！如果是因为腹泻而暂停喂食辅食，可以等情况稳定下来后，先观察宝宝的食欲跟排便状态，再从容易消化的清粥开始恢复喂食。倘若刚开始喂食辅食又出现腹泻现象，或者腹泻的情况更严重，则请立即就医，治疗后，等情况好些时，才慢慢从头开始。

Q：如何训练宝宝自己进食？

A： 7～8个月大是训练宝宝自己进食的关键时期，虽然他（她）会把食物搞得一团糟，但一定要耐着性子让其自由发挥。可以在用餐前，在餐桌上铺上餐垫，再给宝宝穿上围兜，让宝宝自己拿着汤匙学习进食，父母只需要在旁边偶尔协助，趁机偷塞几口到宝宝嘴里，这样不久之后，宝宝就能自己用汤匙进食了。

Q：7～9个月的宝宝能吃什么？

A： 等到宝宝大约7个月大时，就可以开始添加蛋白质的食物了，如蛋黄、鱼肉、牛肉、豆腐等，但还不能吃蛋白，因为较容易出现过敏现象。这时的食物可从汤汁或糊状，逐渐过渡到泥状或固体状。而谷类食物仍可食用，可以改成软面条、吐司面包及馒头等。蔬菜或水果，纤维细的可以先吃，纤维质粗的蔬果则不太适合。喂食前一定要记得试试食物的温度，以免烫伤。

Q： 什么时候可以喂宝宝吃混合蔬菜？

A： 　　当宝宝每一种单一食材都尝试过而没有出现过敏现象时，就可以混合食用，可以每餐吃不同颜色的蔬菜。

美味
软食

黑芝麻糊

材料：黑芝麻30克，糯米50克，冰糖10克，清水适量

做法：

1.黑芝麻洗净炒香，出锅待用。

2.将黑芝麻、糯米一起放入搅拌机中搅成粉末状备用。

3.在芝麻糊中加入清水，倒入瓦煲中，用大火煮成糊状，放入冰糖煮溶即成。

育儿食经： 黑芝麻有益智的功效，能促进宝宝大脑发育。

豆芽泥

材料：豆芽40克，清水适量

做法：

1.豆芽洗净，放入清水锅中煮熟。

2.将煮熟的豆芽放入榨汁机中搅成泥，兑入煮的汁水，拌匀，以汤匙喂食。

育儿食经：豆芽是含维生素很高的蔬菜，每100克的豆芽菜含有183.6毫克的维生素C；而宝宝每日维生素的建议摄取量是50毫克，27克的豆芽就可提供1日所需量。建议父母们可以常给宝宝吃豆芽，增强宝宝的免疫力。

猕猴桃泥

材料：猕猴桃半个，凉开水适量

做法：

1.猕猴桃洗净削皮，切成小块，放入碗中。

2.用汤匙将小块的猕猴桃挤压成泥，兑入等量的水，拌匀后即可以汤匙喂食。

育儿食经：猕猴桃营养很丰富，但若是过敏体质的宝宝，最好1岁以后再尝试喂食。

三鲜豆花

材料：鲜虾3只，鸡肉10克，鲜香菇2朵，豆花50克，鸡蛋1个，清水适量

做法：

1.鸡蛋只取蛋白装入碗中。鲜虾取出虾仁，剔去虾线，洗净后剁碎，拌入蛋白备用。鸡肉洗净，切碎，剁成鸡肉泥。鲜香菇去蒂洗净，剁成碎末。

2.锅内注入适量清水煮沸，加入虾仁、鸡肉泥和香菇末，大火煮沸后转为小火。

3.将豆花慢慢滑入锅中，略煮后关火盛出，略凉后以汤匙喂食。

油菜泥

材料：油菜40克，清水适量

做法：

1.将油菜洗净，放入清水锅中煮熟。

2.将煮熟的油菜放入榨汁机中搅成泥，兑入煮的汁水，拌匀，以汤匙喂食。

育儿食经：7～9个月的宝宝每日需要钙量为400毫克，每100克的油菜含有105毫克的钙，是蔬菜中含钙最高的，可以多食用。

丝瓜泥

材料：丝瓜100克，清水适量

做法：

1.丝瓜削皮洗净，切碎装碗，加少量水放入蒸锅中蒸熟。

2.将蒸熟的丝瓜搅成泥状，以汤匙喂食。

育儿食经： 宝宝的咀嚼功能比较差，一定要把丝瓜切碎才能喂食，而且不可多吃。

Q： 宝宝为什么对丝瓜泥的接受度很高呢？

A： 丝瓜不加调味料就有天然的甜味，很适合宝宝食用。

豌豆泥

材料：豌豆80克，清水适量

做法：

1.豌豆洗净，放入锅中，加少量水煮至熟烂。

2.将豌豆盛出装碗，用汤匙挤压成泥，即可喂食。

育儿食经： 豌豆是富含纤维的主食类食物，可以促进肠蠕动，能改善婴幼儿的便秘状况。

Q: 宝宝吃豆腐需注意什么？

A: 　宝宝的肠胃发育还不健全，因此给宝宝吃的豆腐需选用嫩豆腐，因为吃嫩豆腐不会造成胀气。另外，嫩豆腐还应用热水烫过后再食用。

豆腐泥

材料：嫩豆腐30克，清水适量

做法：

1.将嫩豆腐先用清水略泡一下，捞出后放入新鲜的沸水中汆烫至熟。

2.将烫好的嫩豆腐装入碗中，压成泥状，拌匀，以汤匙喂食。

育儿食经：嫩豆腐含钙量非常丰富，可以借此为宝宝补充钙质。

芥蓝泥

材料：芥蓝40克，清水适量

做法：

1.将芥蓝洗净，放入沸水锅中煮熟。

2.将煮熟的芥蓝放入榨汁机中搅成泥，兑入菜汁，拌匀，以汤匙喂食。

育儿食经：食用芥蓝对改善宝宝肠胃热症或因缺乏维生素C而引起的牙龈肿胀出血具有辅助疗效。常吃芥蓝还可以有效帮助宝宝预防感冒。

蔬菜豆腐泥

材料：胡萝卜30克，嫩豆腐20克，蛋黄半个，生菜10克，酱油少许，水适量

做法：

1.将胡萝卜去皮烫熟后切成极小块；生菜洗净，切碎。

2.将水与胡萝卜、生菜放入小锅，嫩豆腐边捣碎边加进去，加少许酱油，煮到汤汁变少。

3.最后将蛋黄打散加入锅里煮熟即可。

育儿食经： 蔬菜与豆腐搭配，不仅味道鲜美，营养也更易于吸收。

苹果麦片泥

材料：苹果半个，麦片20克，开水适量

做法：

1.将苹果洗净，削去皮和籽，切成小块放入果汁机中搅打成泥。

2.取麦片兑水冲成糊，加入苹果泥，搅拌均匀，以汤匙喂食。

育儿食经： 苹果与麦片都是富含水溶性纤维的食物，能增加肠道益生菌。

火腿土豆泥

材料：火腿肉30克，土豆120克，黄油10克

做法：

1.将土豆煮烂，去皮，研碎。

2.将火腿肉的硬皮、肥肉、筋去掉，切碎。

3.把土豆泥、碎火腿拌在一起，加入黄油即可。

育儿食经： 给宝宝食用时，最好上锅先蒸5分钟。此菜特别适合7个月以上婴儿。

番茄小白菜泥

材料：番茄30克，小白菜20克，水适量

做法：

1.将番茄洗净切块，小白菜洗净后切成段。

2.锅中注水，煮沸后放入番茄、小白菜烫熟。

3.将烫熟的番茄和小白菜用果汁机搅成泥状，装碗，以汤匙喂食。

育儿食经： 这道菜非常适合夏季做给宝宝吃。

芽菜泥

材料：芽菜30克，水适量

做法：

1.将芽菜洗净，放入沸水锅中烫熟。

2.将烫熟的芽菜用刀切细，放入榨汁机中搅成泥，以汤匙喂食。

育儿食经： 芽菜富含微量元素及维生素 B_1、B_2 等。

三色蔬菜泥

材料：胡萝卜20克，卷心菜30克，花椰菜20克，水适量

做法：

1.将胡萝卜、卷心菜、花椰菜分别洗净、切碎，加适量水蒸熟。

2.将全部蔬菜分别用果汁机搅成泥状，装入同一个碗中，拌匀，以汤匙喂食。

育儿食经： 花椰菜可以辅助治疗咳喘。

毛豆泥

材料：毛豆仁30克，水适量

做法：

1.毛豆仁洗净，放入锅中蒸熟后取出备用。

2.将毛豆仁压成泥状，以汤匙喂食。

育儿食经： 毛豆与黄豆一样，都是优质蛋白质的来源。

蛋黄泥

材料：生鸡蛋1个，清水适量

做法：

1.将生鸡蛋放入锅中，加清水煮熟。

2.剥去蛋壳和蛋白，只取蛋黄放入碗中，用汤匙压碎成泥，加少许温开水混合喂给宝宝食用。

Q：宝宝可以吃鸡蛋吗?

A：　可以吃，但蛋白所含的蛋白质较易引起宝宝过敏，建议1岁以后再食用。

育儿食经： 蛋黄富含铁质、卵磷脂、维生素A、维生素B_2、维生素E，是非常好的食物，特别适合宝宝食用。

猪肉泥

材料：猪瘦肉30克，水适量

做法：

1.将猪瘦肉洗净，剁碎，加适量水放入蒸锅中蒸熟。

2.把瘦肉搅拌成泥，以汤匙喂食。

鸡肉泥

材料：鸡胸肉30克

做法：

1.将鸡肉洗净，切碎，放入蒸锅中蒸至熟烂。

2.取出蒸好的鸡肉，搅拌成泥，拌匀，以汤匙喂食。

育儿食经： 宝宝开始尝试优质蛋白质时，可以先从鸡肉或猪肉开始，这样不容易过敏。

Q：哪种动物的肝脏最适合宝宝食用？

A： 鸡肝、牛肝与猪肝含有同样丰富的营养素，其中维生素A的含量，鸡肝大于猪肝，猪肝大于牛肝。

鸡肝泥

材料：鸡肝30克

做法：

1.鸡肝用水清洗干净后入锅蒸熟。

2.取出鸡肝切成小块，剁碎，捣成泥，以汤匙喂食。

育儿食经： 鸡肝的维生素A含量高于猪肝，并富含铁、锌、硒等多种矿物质，而且体积小、口感细腻、易入味，宝宝吃了既养眼护脑，又能增强体质。

猪肝泥

材料：猪肝30克

做法：

1.猪肝用水清洗干净后入锅蒸熟。

2.取出猪肝，切成小块，剁碎，捣成泥，以汤匙喂食。

育儿食经：猪肝中铁质丰富，是补血食品中最常用的食物。猪肝中还含有丰富的维生素A，能保护视力。

鲈鱼泥

材料：鲈鱼30克

做法：

1.鲈鱼刮去鳞片，清除内脏，洗净后放入锅中蒸熟。

2.将鱼皮去除，取鱼肉压成泥状，以汤匙喂食。

育儿食经：鲈鱼营养非常丰富，秋末冬初食用最佳。

Q: 番石榴可以连籽一起搅打成汁吗?

A: 番石榴的籽富含维生素C，不建议丢掉，但因为籽小，给宝宝食用时，一定要用榨汁机打匀到没有颗粒；若所用的榨汁机不能将籽完全打碎，建议还是去籽，等宝宝会咀嚼后再食用有籽的番石榴汁。

果蔬奶汁

番石榴汁

材料：番石榴半个

做法：

1.将番石榴洗净，去皮，切成小块。
2.放入榨汁机中搅打出汁，以汤匙喂食。

育儿食经：建议6个月以上宝宝食用，番石榴含丰富的维生素C，可帮助宝宝吸收铁质。其中的可溶性纤维可提供适宜肠道益生菌生长的环境，而不可溶性纤维则可预防便秘。

苹果乳酪

材料：苹果1个，婴儿乳酪1杯

做法：

1.将苹果洗净，切块，搅拌成泥，待用。
2.把苹果和乳酪拌匀即可。

育儿食经：宝宝8个月大，便可以开始让他们尝试吃乳酪。开始时1星期1次，每次2~3日，慢慢可以增加分量及次数，一般每隔3日可进食1次。

柳橙汁

材料：柳橙1个，冷开水适量

做法：

1.将柳橙洗净，去皮，取果肉，放入榨汁机中榨出汁。

2.将等量的冷开水兑入橙汁中，拌匀，取适量以汤匙喂食即可。

育儿食经：柳橙汁可以补充母乳、牛奶内维生素C的不足，增强宝宝的抵抗力，促进宝宝的生长发育，预防坏血病的发生。

葡萄柚汁

材料：葡萄柚半个，凉开水适量

做法：

1.取葡萄柚半个，取出果肉，放入榨汁机中榨出汁。

2.将等量的凉开水兑入柚汁中，拌匀，取适量以汤匙喂食即可。

育儿食经：葡萄柚汁所含的维生素C很高，但若榨好后进行冷藏，会影响维生素C的含量，建议榨好后即喝，不要冷藏。

迷你
主食

红枣山药粥

材料：干红枣2颗，山药20克，大米20克

做法：

1.山药洗净去皮，切成小丁。干红枣洗净去核。

2.大米淘洗干净，加山药、红枣一起熬煮成粥。

3.将煮好的粥用果汁机打成糊状，以汤匙喂食。

育儿食经： 婴幼儿的生理病理持点是"肝常有余，脾常不足"，而山药有健脾祛湿的作用，对小儿的生长发育很有好处。

牛肉燕麦粥

材料：牛肉30克，燕麦20克，水适量

做法：

1. 燕麦加水熬煮成粥。牛肉洗净，剁成蓉后，放入燕麦粥中煮熟。
2. 将煮好的牛肉燕麦粥用果汁机打成糊状，以汤匙喂食。

育儿食经：7～9个月的宝宝每日所需要的铁质量为10毫克。每100克牛肉中含有3毫克铁质，是宝宝辅食中很好的铁质来源。

大骨南瓜粥

材料：大米20克，南瓜30克，大骨高汤120毫升

做法：

1. 南瓜洗净去皮，切成片。大米淘洗干净。
2. 将南瓜、大米用大骨高汤熬煮成粥。
3. 将煮好的粥用果汁机打成糊状，以汤匙喂食。

育儿食经：大骨汤一定要去油，因为宝宝胃肠道发展不完全，对于脂肪的消化能力不好，高油脂容易造成拉肚子。

柴鱼海带粥

材料：大米20克，糙米20克，柴鱼高汤120毫升

做法：

1.将糙米、大米淘洗干净倒入柴鱼高汤中浸泡2小时左右。

2.将浸泡好的糙米、大米熬煮成粥。

3.将煮好的粥用果汁机打成糊状，过滤去渣，以汤匙喂食。

Q: 如何制作柴鱼高汤？

A: 将少许柴鱼与少量海带、鸡骨熬煮成高汤，去渣冷却，密封好后放入冰箱冷藏，需要时再取出。

育儿食经： 柴鱼高汤以海带的咸味与柴鱼的鲜味混合调味，不需另外加盐，避免宝宝养成重口味。

番茄蔬菜粥

材料：番茄50克，洋葱20克，大米20克，水适量

做法：

1.番茄、洋葱分别洗净，切成小块。大米淘洗干净。

2.将切好的蔬菜与大米加水一同熬煮成粥。

3.将煮好的粥用果汁机打成糊状，过滤去渣，以汤匙喂食。

育儿食经： 在尝试给宝宝混合食物时，要确保每种食材都曾单独给宝宝食用过，才能混煮，以避免发生过敏。

蛋黄粥

材料：生鸡蛋1个，大米2汤匙，清水适量

做法：

1.将鸡蛋煮熟后，半个蛋黄用来煲粥。

2.煲粥前先将两汤匙米（约半杯米）用热水浸1小时左右，再加入七至八碗清水煲粥。

3.煮粥时，可搅拌几下，让粥不粘锅底。

4.当粥煮至出现一个个泡时，再加入蛋黄拌匀即可。

育儿食经：宝宝吃过米糊，吞咽能力理想，便可以开始进食粥了。妈咪在最初引入粥的日子，可先调好粥的水分以控制粥的质地。另外，也可用鱼汤或肉汤做粥底，令味道更好，宝宝更易入口。

虾仁粥

材料：大米20克，虾仁30克，胡萝卜、玉米粒各适量，芹菜少量，盐少许，清水适量

做法：

1.大米淘洗干净，加清水入锅中煮沸。

2.虾仁剔去虾线，洗净，切碎。将芹菜、胡萝卜、玉米粒洗净，芹菜、胡萝卜切末，玉米粒碾碎成蓉。

3.待大米煮沸后，转至小火，多加搅拌，熬煮约20分钟至黏稠状，加入芹菜、胡萝卜、虾仁和玉米蓉，拌匀后续煮2分钟后，加少许盐调味即可。

育儿食经：虾仁煮粥，其中除了有优良的蛋白质外，更含有丰富的B族维生素，对小宝宝的生长发育是不可缺少的。

虾面汤

材料：虾仁40克，青菜30克，面条80克，肉汤1/3杯，盐少许

做法：

1.把虾肉切碎。

2.青菜洗净，切成小片。

3.将面条先煮好，然后把虾、青菜一块放入肉汤中煮熟，再放入煮好的面条，加少许盐调味即可。

育儿食经：白面是一种适合孩子口味的食品材料，常用作断奶时的食品。

面粒汤

材料：面粉50克，鸡蛋1个，虾仁10克，菠菜叶20克，盐、水、香油适量

做法：

1.将面粉放入碗内，打入1个鸡蛋，用少许水和成硬面团擀成薄片。

2.先切成细条再切成约5毫米长的粒。

3.把虾仁剁成碎末；菠菜叶洗干净后再切成碎末。

4.锅内加入适量水，烧开后下入面粒、虾仁和菠菜末，用小火煮几分钟后放入适量盐拌匀，滴入香油即可食用。

磨牙小馒头

材料：面粉50克，牛奶100毫升，发酵粉适量

做法：

1.面粉、高活性干酵母、牛奶混合拌匀，静置发酵40分钟左右。

2.待发酵至厚面团体积的2倍左右时，将发酵松弛后的面团揉匀，搓成长条，切成5等份，捏成馒头形状，再静置一刻钟左右。

3.将成形的面团放入蒸锅中，大火蒸制约15分钟，至馒头熟软即可。

育儿食经： 发酵增加了面粉的营养价值。发酵后，面粉里一种影响钙、镁、铁等元素吸收的植酸可被分解，从而提高人体对这些营养物质的吸收和利用。因此，馒头、面包更适合消化功能较弱的婴幼儿食用。

火腿莲藕粥

材料：莲藕、火腿各20克，大米粥1小碗，高汤50毫升

做法：

1.莲藕洗净，去皮切碎。火腿切成小丁。

2.净锅上火，放入莲藕、火腿，注入高汤，大火烧沸后转小火续煮约20分钟，加大米粥焖煮片刻即可。

育儿食经： 莲藕含有鞣质，有一定健脾止泻的作用，能增进食欲，促进消化。

面疙瘩汤

材料：面粉100克，胡萝卜1根，食用油、水适量

做法：

1.胡萝卜洗净去皮，切成细丝。

2.热锅注食用油，放入胡萝卜炒匀，加适量水，大火煮沸。

3.将少量面粉在碗中搅成浓稠状，用筷子蘸面糊滴入沸水中，煮熟即可。

育儿食经：这道面食中的疙瘩软滑，适合咀嚼功能尚不成熟的宝宝食用。

营养汤羹

时蔬浓汤

材料：番茄、土豆各1个，黄豆芽50克，胡萝卜1根，卷心菜50克，洋葱少量，高汤100毫升，清水适量

做法：

1.黄豆芽洗净，沥干水分。洋葱去皮洗净，取少量切成小丁。胡萝卜洗净去皮，切成丁。卷心菜洗净切丝。番茄、土豆洗净去皮，切成丁。

2.汤锅上火，锅中注入高汤和少量清水，大火煮至沸腾，放入番茄、土豆、黄豆芽、胡萝卜、卷心菜、洋葱，大火熬制，煮沸后转为小火慢熬，汤成浓稠状即可。

蛋黄羹

材料：鸡蛋5个，肉汤200毫升，盐3克

做法：

1.鸡蛋煮热后，取蛋黄放入碗内研碎，并加入肉汤拌匀。

2.汤锅上火，放入拌好的蛋黄肉汤，加入盐，边煮边搅拌，混合均匀，煮至汤羹浓稠即可。

育儿食经： 蛋黄要研碎、研匀，不能有小疙瘩。此菜适宜3个月以上的婴儿食用。

丝瓜香菇汤

材料：丝瓜250克，水发香菇100克，盐、食用油少许，清水适量

做法：

1.丝瓜洗净，去皮，剖开后去瓤，切成段。水发香菇用清水洗净。

2.热锅注食用油，烧热后放入香菇略炒，加适量清水煮沸，持续沸腾3～5分钟后，加丝瓜稍煮，加盐调味即成。

育儿食经： 丝瓜中含有丰富的B族维生素和维生素C，可以让宝宝的肌肤变得洁白、细嫩、柔滑。而香菇又有天然的鲜味，是宝宝喜欢的味道，因而能够促进宝宝的食欲。

南瓜浓汤

材料：南瓜200克，高汤100毫升，鲜牛奶50毫升

做法：

1.南瓜洗净，削去皮和瓜瓤，切成丁，放入榨汁机中，加高汤打成泥糊。

2.取出后拌入鲜牛奶中搅匀，以小火煮沸即可。

育儿食经：南瓜可以为宝宝提供丰富的胡萝卜素、B族维生素、维生素C、蛋白质等，其中的胡萝卜素可以转化为维生素A，能保护视力、预防组织老化、维护视神经健康。

洋葱番茄牛肉汤

材料：牛肉100克，洋葱40克，番茄1个，姜2片，盐少许，清水适量

做法：

1.牛肉洗净，沥干水分；洋葱洗净，去皮切成丝；番茄切成四等份后，去籽备用。

2.将牛肉放入沸水锅中汆烫出血水，捞起后用热水冲洗干净。

3.汤锅置火上，注入清水，加姜片、洋葱、番茄煮至沸腾，再放入牛肉焖煮，至肉质熟烂后熄火，晾至温度适中时放入果汁机中打成浓汤糊即可。

育儿食经：洋葱具有开胃、润肺的功效，而牛肉可增强宝宝体力，非常有利于宝宝的身体健康。

鸡骨高汤

材料：鸡胸骨500克，清水1800毫升

做法：

1.将鸡胸骨放入沸水锅中汆烫出血水，约5分钟后捞出，洗净杂质，除尽血块。

2.汤煲置火上，注入清水，放入鸡胸骨，大火烧沸后，转至小火，维持汤汁沸腾状态，盖上锅盖，焖煮约3小时，至汤汁呈现琥珀色。

3.将高汤舀出，过滤掉骨头和杂质，冷却后，密封好放入冰箱冷藏，需要时即可取用，掺入其他食材中。

育儿食经： 鸡骨高汤清澈甜美，可补元气，提精神。熬鸡骨高汤时可加入少量姜片，有活血、祛寒除湿、开胃的功效，极其适于生病的宝宝。但父母们一定要知道，任何高汤都不可以直接给宝宝饮用，必须经过再次加工。

3.10～12个月宝宝营养美食

Q: 宝宝不爱喝水但喜欢喝果汁，好吗?

A: 　　一个水果大约只能榨出60毫升果汁，因此1杯200毫升鲜榨果汁，可能要用掉3个以上的水果，糖分有点多。如果以果汁代替开水喂食，会降低宝宝吃辅食的食欲，容易导致营养不良及贫血，宝宝也会相对失去摄取其他营养素的机会。含糖较多的果汁还可能引起蛀牙，以奶瓶喂食时最常见。因此，不建议用果汁代替开水喂食宝宝。

Q: 宝宝不爱喝水怎么办?

A: 在宝宝4个月以前,其实是不需要特别补充水分的,但到了辅食阶段,就应该让其养成喝水的好习惯。除了在喝完奶、吃完辅食后给宝宝一点水漱口外,平时也可少量喂水。如果宝宝不愿意喝水,可以让他(她)稍做活动,等到水分消耗后,口渴了自然就想喝水了。

Q: 宝宝挑食怎么办?

A: 当宝宝开始添加辅食后,也会跟成人一样,可能出现对某些食物的偏好,也会不喜欢某些食物。这时可以尊重宝宝对食物的喜好,但要让他(她)每顿饭时都能同时尝试不同种类的食物,即使只吃一点点也无妨。如果宝宝拒食某种食物,也不要立刻改换其他食物,可以等过一会儿再重新喂食,通常就能顺利进食。

Q: 宝宝可以喝蜂蜜水吗?

A: 由于蜂蜜没有经过消毒杀菌,而且其中含有肉毒杆菌孢子,而1岁以下的宝宝,其免疫力及肠胃功能尚未发育完全,如不慎食用,可能造成神经肌肉麻痹,严重者甚至会影响呼吸导致死亡,因此不建议食用。

Q: 宝宝能喝乳酸饮料和酸奶吗?

A: 宝宝大约从4个月大开始,体内分解食物的酵素才会逐渐成熟,至少要等到1岁以后才会接近成人的功能。由于乳酸饮料糖分过高,因此建议让宝宝1岁以后开始喝少量原味酸奶。

Q: 宝宝不能吃哪些重口味食物?

A: 　　某些具有特殊气味的食物，如大蒜、洋葱等，本身就有比较重的气味。还有一些调味料，如盐、酱油、糖，增加口感的甜辣酱、番茄酱，或是辣椒、沙茶酱等，都是重口味食物。而且，由于宝宝的味蕾尚未发育完全，敏感性比成人强，有时我们觉得只是稍稍有味道，但对他们来说就是重口味了。

Q: 重口味宝宝怎样调整饮食?

A: 　　宝宝喜欢吃重口味食物，通常是在开始吃辅食之后，没有注意所添加的食物调味品而造成的。如果发现宝宝嗜吃重口味，应慎选辅食，先搞清楚哪些食材、调味料是宝宝不能吃的，养成正确的饮食习惯。此外，要循序渐进，逐渐减少调味品的用量，让宝宝慢慢适应，或者在给辅食前，先让他（她）喝点水，让宝宝口里没有其他味道后，再让他（她）吃新的食物。

Q: 宝宝厌奶怎么办?

A: 　　宝宝过了6个月后，体重的增加速度就会逐渐减缓，这个阶段也正是乳牙开始萌出的时候。由于宝宝长牙时牙龈容易不舒服，同时因为开始吃辅食，会比较没有食欲，厌奶属于正常的生理现象。如果宝宝只是少吃一点，但身高、体重、活动力都一切正常，就应该遵从其自然的身体需求来喂食。

Q: 如何提振宝宝食欲?

A: 　　吃正餐前不给零食、点心，通常宝宝会在两餐中间肚子饿而想吃零食，这时只要狠下心，坚持在正餐前不给零食的原则，就能提振宝宝的食欲。也可以稍稍调整进食时间，之后再慢慢调回正常时间。

Q: 宝宝吃饭不专心怎么办？

A: 　　宝宝在吃辅食后期（10~12个月），因为好动，容易出现吃饭不专心的现象，只要旁边有吸引他（她）注意力的东西，就会忘了吃饭。此时可以准备一个宝宝专用的餐桌椅，只要还没吃完，就不要让其离开，且这个习惯应该自开始吃辅食后就培养，免得日后每到吃饭时间就要追着他（她）跑。如果宝宝实在不能专心吃饭，不妨等他（她）真正饿了再喂食，并且要求他（她）乖乖坐着吃饭，也能逐渐养成他（她）对吃饭的兴趣与专注度。

Q: 宝宝喜欢吃辅食，可以让他每天吃3餐吗？

A: 　　有些宝宝在开始喂食辅食后，就爱上了辅食，喝奶量骤减。这时不用强迫他（她）一定要喝足1天的奶量，不妨让他（她）每天吃3餐。

Q: 如何得知宝宝的营养是否足够？

A: 　　想知道宝宝是否营养足够，除了可以对照同年龄、同性别的儿童成长曲线外，也可以试试下列方法，看看宝宝的体格发育情形：①宝宝每天是否精神饱满、不哭闹、睡得好等。②宝宝是否脸色红润、头发密黑有光泽、皮肤细腻不粗糙等。③摸摸宝宝身上的肌肉是否结实不松散。

Q: 两餐之间需要让宝宝吃点心吗？

A: 　　从开始吃辅食后，基本上是不需要额外添加点心的。不过，后期1天3餐仍未达到营养的基本需求量时，不妨给予一些小点心填补不足。可以在两餐之间（早上10点和下午3点）喂个小点心，但选择的食物应该是其他餐没吃的食物，尤其是蔬菜、水果等，量不需要多，以免影响正餐。用餐时间要短，以免点心时间影响正餐时间，反而使宝宝吃不下正餐。

Q： 10~12个月宝宝是否可以以五谷根茎类食物为点心？

A： 此时配方奶和母乳还是会提供一定的蛋白质，因此添加的点心可以五谷根茎类的食材为主。

Q：宝宝的点心怎么组合、搭配最好？

A： 最好的点心组合是以复合型的碳水化合物加上水果，提供热量、膳食纤维、B族维生素、维生素C等。

Q：如何预防宝宝噎食、噎物？

A： 宝宝吃东西时要有大人在旁照护，不要让他（她）边吃边玩；不要让宝宝拿到能刚好吞咽的小东西，例如纽扣、别针、钱币、珠宝、耳环等；不要让太小的宝宝吃过大、过硬的食物，如花生、坚果、糖果、玉米粒等。

Q：宝宝可以吃肉块了吗？

A： 比较会咀嚼的宝宝，可以吃一点炖得很烂的小肉块。

Q：何时可以给宝宝添加调味料？

A： 当宝宝吃辅食的量在1天的进食量中占2/3的比例时，或是奶量减少，辅食逐步增加时，就可以添加少许盐、酱油，因为本来宝宝所需的钠来自于喝的奶，当奶量变少，钠量便会不够，则需要在烹调饮食中添加一点点。

美味软食

山药麦糊

材料： 山药80克，麦片15克，热开水适量

做法：

1. 将山药洗净，去皮，切成小丁，蒸至熟软。

2. 麦片用热开水冲好，加入蒸熟的山药，一起用果汁机搅打成糊状即可。

育儿食经： 山药在营养学的六大分类上属于主食类，含有多种植物营养素，属于健康食材。山药味道清淡，可和不同的食材相搭配。

牛奶红薯蓉

材料： 红薯1个，牛奶半杯

做法：

1. 红薯洗净，放入沸水锅中带皮煲约30分钟，熟软至筷子可轻易插入其中。

2. 将煮好的红薯去皮，装入碗中，压成蓉。

3. 牛奶隔水煮沸，冷却至常温后兑入红薯蓉中，拌匀即可。

育儿食经： 最好选黄心的红薯，比较甜。红薯不要让宝宝吃得太多，因为红薯含丰富淀粉，容易有饱腹感。

红糖藕粉

材料：红糖5克，藕粉25克，清水适量

做法：

1.用凉开水把藕粉调匀。

2.再倒入热开水，不停地搅拌，至藕粉成晶莹剔透的糊状，加入红糖拌匀即可。

育儿食经： 藕粉属于主食类食物，能提供给宝宝一定的热量，且冲泡方便。

薯泥蛋白糕

材料：土豆50克，鸡蛋1个，面粉30克，发酵粉、鲜奶、白糖各适量

做法：

1.土豆洗净去皮，切小块，蒸熟后压成泥状。

2.鸡蛋只取蛋白淋入面粉中，调入发酵粉、鲜奶、白糖，与土豆泥一起搅拌和匀，拍打成圆饼状，上火蒸约20分钟即可。

水蒸鸡蛋糕

材料：面粉200克，黄豆粉50克，鸡蛋3个，白糖50克，黄油少许

做法：

1.将蛋黄和蛋白分别装入不同的容器中。

2.蛋黄搅匀，加入面粉和黄豆粉，混合拌匀，制成面粉糊。蛋白一边搅打一边慢慢加入白糖，直到蛋白起泡，然后拌入面粉糊里。

3.在盛器内先抹上一层黄油，再将调好的面粉糊倒入盛器里（倒入量为盛器的一半），隔水蒸20～25分钟即成。

育儿食经： 这种方法做出来的蛋糕松软可口，很利于宝宝消化吸收。

南瓜吐司

材料：白吐司1片，南瓜30克

做法：

1.将南瓜洗净，放入锅中蒸熟。

2.南瓜去皮后压成泥，抹在吐司上。

3.将吐司撕成小块，喂给宝宝即可。

育儿食经： 南瓜富含许多对眼睛有好处的食物，如胡萝卜素、玉米黄素、叶黄素、维生素A。南瓜皮富含膳食纤维，若有食物料理机，连皮一起打更好。

红薯泥

材料：红薯50克，母乳或配方奶适量

做法：

1.红薯洗净，去皮，切成小丁，蒸熟后放入碗中挤压成泥状。

2.调入适量母乳或配方奶与红薯泥混合拌匀，以汤匙喂食即可。

育儿食经： 红薯本身带有甜味，因此制作时不宜再添加糖。

鸡肉香蕉酱

材料：鸡肉20克，香蕉1/5根，纯酸乳1大勺

做法：

1.将鸡肉洗净，入沸水锅中汆烫至熟，捞出后切碎。

2.香蕉装入容器中，压成蓉，兑入纯酸乳搅拌均匀，制成香蕉酸乳酱。

3.将切碎的鸡肉拌入香蕉酸乳酱，混合均匀即可食用。

育儿食经：为消除肉质的干涩、粗糙，鸡胸肉要切碎后才适合宝宝食用。

果蔬奶汁

综合果汁

材料：苹果半个，菠萝少量，香蕉少量，番石榴少量

做法：

1.将苹果、番石榴洗净，去皮，切成小块。菠萝、香蕉去皮切小块。

2.将水果放入果汁机中搅打出汁，过滤掉果渣即可。

育儿食经：宝宝尝试过不同的水果后，没有出现过敏现象，就可以喝综合果汁了。

红薯奶

材料：红薯半个，母乳或配方奶80毫升

做法：

1.将红薯洗净，去皮，切成小丁，放入蒸锅中蒸至熟烂。

2.取出蒸好的红薯，调入母乳或配方奶，拌匀即可喂食。

橙汁奶油奶酪

材料：橙子1个，奶油奶酪2大勺

做法：

1.橙子切成两半，用榨汁机榨汁，再用过滤杯滤出颗粒。

2.把橙汁盛在碗里，放上奶油奶酪。

3.搅匀橙汁和奶油奶酪即可食用。

育儿食经：奶油奶酪味美甘甜，便于宝宝用舌头磨碎，可作为宝宝的断奶食品。

迷你主食

豆豆粥

材料：豆子（可以添加不同种类的豆）20克，大米30克，清水适量

做法：

1.将大米、豆子淘洗干净。

2.锅中注入适量清水，加入大米、豆子一起熬煮成粥，冷却到合适的温度后即可喂食。

豆腐糙米粥

材料：嫩豆腐10克，糙米30克，高汤适量

做法：

1.糙米用少量清水浸泡2小时以上，嫩豆腐用热水浸泡片刻后切成小块。

2.将泡好的糙米连同泡米水、嫩豆腐放入锅中，注入高汤，熬煮成粥，冷却到合适的温度后即可喂食。

育儿食经：糙米较硬，给宝宝吃时可以用水泡久一点再煮软，或是煮成粥，能增加B族维生素和膳食纤维的摄取量。

Q：如何让宝宝接受苦瓜？

A：　　味觉较敏感的宝宝，若排斥苦瓜的苦味，可以添加不同的食材掩盖苦味，如甜甜的南瓜、红薯、胡萝卜等。

苦瓜南瓜粥

材料：苦瓜60克，南瓜100克，大米30克

做法：

1.苦瓜洗净，切成小块。南瓜去皮，切小块。大米淘洗干净。

2.将切好的苦瓜、南瓜与大米一起加入，熬煮成粥即可。

育儿食经： 苦瓜先用沸水焯过，可以降低苦味。

鸡蓉玉米粥

材料：大米30克，玉米酱15克，土豆40克，鸡肉15克，盐少许，水适量

做法：

1.土豆洗净去皮，切成小丁。大米淘洗干净。鸡肉洗净，剁碎。

2.将大米、土豆加水煮至熟烂后，加入碎鸡胸脯肉煮至熟烂，最后调入玉米酱拌匀即可喂食。

育儿食经： 宝宝咀嚼功能发育尚未良好时，可以买罐装玉米酱取代玉米粒，或是将新鲜玉米粒磨碎。

Q: 宝宝感冒时可以吃什么营养食物呢？

A: 　　翡翠猪肝粥是一道有营养的食物，适合宝宝感冒时食用。因为猪肝富含维生素A，菠菜富含β胡萝卜素，也能转换成维生素A；维生素A和上皮细胞的形成很有关系，上皮细胞的功能就是阻挡病原菌的侵入，可增强人体免疫力，适合容易感冒与感冒久治不愈的宝宝食用。

翡翠猪肝粥

材料：菠菜40克，大米40克，猪肝30克，清水适量

做法：

1.大米淘洗干净，加适量清水熬煮成粥。菠菜洗净，放入沸水锅中汆烫片刻后捞出。猪肝洗净，放入锅中煮熟。

2.菠菜用果汁机搅打成泥，猪肝用汤匙挤压成泥糊状。

3.将菠菜泥和猪肝泥倒入煮好的粥中，拌匀即可。

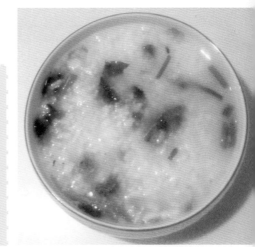

苹果燕麦粥

材料：燕麦20克，苹果少量，开水适量

做法：

1.苹果洗净去皮，取少量切成小丁。

2.将燕麦用适量开水冲泡好，调入切好的苹果丁即可。

猪肉南瓜糙米粥

材料：猪肉末30克，糙米40克，南瓜50克，水适量

做法：

1.糙米淘洗干净浸泡2小时以上。南瓜洗净，削皮，切成小丁。

2.将猪肉末、南瓜与糙米连同浸米水一起熬煮成粥。

育儿食经：糙米与猪肉都含有丰富的B族维生素。

八宝粥

材料：大米20克，赤豆5克，绿豆5克，去心干莲子5克，薏米5克，红枣2颗，黑枣2颗，桂圆肉1克，清水适量

做法：

1.薏米、赤豆、去心干莲子洗净，用清水浸泡3小时以上。绿豆洗净，浸泡2小时。大米浸泡1小时。红枣、黑枣洗净，用刚烧好的沸水浸泡至软。

2.将所有备好的食材放入锅中，加适量清水，水量需完全没过食材，小火焖煮至熟即可。

Q：八宝粥一次吃多少?

A： 八宝粥富含纤维质、B族维生素，但一次不建议食用太多。

洋葱猪肉汤饭

材料：洋葱少量，猪肉少许，胡萝卜10克，米饭半碗，食用油少许，儿童酱油少量，高汤适量

做法：

1.洋葱去皮洗净，切成细丝后再切成小段。猪肉切成小片。胡萝卜去皮，切细丝。

2.净锅注食用油，烧热后，爆香洋葱、胡萝卜、肉片。

3.加入米饭，掺入高汤，焖至洋葱、胡萝卜熟软，起锅前调入儿童酱油即可。

育儿食经：煮熟后的洋葱带甜味，能增加食物的可口性。

赤豆稀饭

材料：红豆15克，大米30克，清水适量

做法：

1.赤豆用清水浸泡约3小时后淘洗干净，大米淘洗干净，备用。

2.将洗净的大米和赤豆倒入锅中，加适量清水，熬煮成粥，冷却到合适的温度后即可喂食。

胡萝卜稀饭

材料：胡萝卜15克，大米30克，猪肉末30克，食用油2毫升，水适量

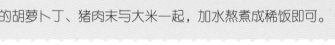

做法：

1.胡萝卜洗净去皮，切成小丁。大米淘洗干净，备用。

2.热锅注食用油，放入胡萝卜丁略炒，加入猪肉末一起翻炒至半熟。

3.将炒至半熟的胡萝卜丁、猪肉末与大米一起，加水熬煮成稀饭即可。

Q：宝宝吃的胡萝卜需加油烹煮吗？

A：　　胡萝卜富含类胡萝卜素，如 α 胡萝卜素、β 胡萝卜素、叶黄素、β 隐黄素、茄红素，是很好的抗氧化营养素。由于这些营养素的脂溶性，须与油脂一起烹煮，才能将营养素带出来，所以，宝宝吃的胡萝卜需要加少量油烹煮，才利于宝宝吸收。

橄榄球饭团

材料：米饭1/3碗，芝士1片，海藻、紫菜少许

做法：

1.芝士切成小块，放入米饭中搅匀。

2.放入微波炉中加热10秒钟左右，重新搅匀，做成小橄榄球状饭团。

3.将海藻、紫菜弄碎，撒在饭团一侧，盛好即可。

育儿食经：饭团可以做得稍大一点，切着给孩子吃。

菠菜面

材料：菠菜面条10根，包心菜30克，高汤适量

做法：

1.包心菜洗净，切成丝。菠菜面条放入沸水锅中煮熟后立即捞出。

2.高汤入锅烧沸，加入包心菜丝、煮好的菠菜面条，烧至沸腾后即可捞出喂给宝宝食用。

育儿食经：菠菜面虽然添加有菠菜，但不代表纤维质很高，还是要加点其他蔬菜，营养才均衡。菠菜面一般在超市可以买到，此外还有南瓜面、胡萝卜面、绿藻面等，口味不同，可更换着喂给宝宝。

营养汤羹

Q: 绿豆与薏米属于主食类食物吗？

A: 绿豆与薏米都属于主食类的复合性碳水化合物食物，能提供给宝宝丰富的热量与膳食纤维及B族维生素。

绿豆薏米汤

材料：绿豆10克，薏米10克，糖5克，清水300毫升

做法：

1.将绿豆、薏米用水浸泡2小时以上。

2.汤内放入绿豆、薏米，加清水煮至熟烂，放少许糖即可。

小白菜鱼丸汤

材料：小白菜2棵，鱼丸4颗，猪骨高汤500毫升

做法：

1.小白菜洗净，切碎。鱼丸冲洗后，切成小丁。

2.净锅上火，注入猪骨高汤，大火煮沸，加入鱼丸丁，烧至沸腾时加入小白菜，续煮5分钟左右即可。

育儿食经： 小白菜含有丰富的维生素、纤维素，与鱼丸的优质蛋白搭配，能让宝宝吸收更好。

罗宋汤

材料：牛肉40克，番茄半个，包心菜叶2片，土豆、洋葱、胡萝卜各少量，奶油少量，清水适量

做法：

1.土豆、胡萝卜去皮洗净，各取1小块切成小片。洋葱去皮洗净，取少量切成段。包心菜洗净去梗，取叶切成丝。番茄洗净，取半个切成小块。牛肉洗净剁碎。

2.锅内加入奶油，熔化后放入土豆，炒至半熟后再加入牛肉、番茄、洋葱、胡萝卜、包心菜叶翻炒至熟，注入适量清水，烧沸后改以小火慢炖，至汤料熟烂即可。

育儿食经： 罗宋汤营养价值高，不需要添加调味料，味道就很香浓，大多数宝宝都喜欢这个味道。

土豆胡萝卜肉末羹

材料：土豆泥20克，胡萝卜1根，肉末30克，酱油适量

做法：

1.胡萝卜洗净，去皮后切成小块，放入果汁机中搅打出汁。将胡萝卜汁与胡萝卜蓉混合调成浆。

2.将胡萝卜浆与土豆泥、肉末一起混合拌匀，入锅蒸熟，取出后调入酱油即可。

健康肉蔬

豆腐镶肉

材料：猪肉10克，豆腐50克，淀粉少许，胡萝卜末5克

做法：

1.豆腐用纸巾吸去一些水分后，压成泥状。

2.猪肉搅成肉泥，与豆腐泥、胡萝卜末、淀粉拌匀，用大火蒸约8分钟即可。

育儿食经： 豆腐与猪肉都是优质蛋白质，含有人体所需的氨基酸，且豆腐没有胆固醇，并含有植物性纤维。可适当加少许盐，提高孩子的食欲。

青菜牛肉

材料：上海青40克，牛肉30克，盐适量，食用油2毫升

做法：

1.将上海青洗净，切成小段。牛肉洗净切丝。

2.锅内加食用油，放入牛肉，炒至半熟，加入上海青，炒熟后调入盐即可。

育儿食经： 上海青富含β-胡萝卜素，能转换成维生素A。维生素A为脂溶性，要以油烹调才能带出其营养成分。维生素A能抑制皮肤的角质化，改善干燥肤质。

双色豆腐

材料：豆腐25克，猪血20克，鸡汤、淀粉各适量，盐少许

做法：

1.将豆腐、猪血用水略微浸泡后洗净，切成小块，放入沸水锅中煮沸，捞出沥干水分。

2.锅内注入鸡汤，加入淀粉，小火煮至汤汁黏稠，加少许盐调味，制成芡汁。

3.将豆腐块、猪血块装入碗中，倒入芡汁，轻轻拌匀即可。

口蘑炖肉

材料：口蘑3朵，猪瘦肉30克，儿童酱油少量，清水适量

做法：

1.口蘑洗净，切成薄片。猪瘦肉洗净，切细剁碎。

2.将口蘑片与猪肉碎用清水炖煮至熟软，加少量儿童酱油调味即可。

育儿食经： 除绿叶蔬菜外，各式菇类也是很好的膳食纤维来源。

莲藕蒸肉

材料：莲藕1节，猪肉末30克，酱油、盐各少许

做法：

1.莲藕洗净，刮去外皮，切碎剁成泥状，挤干汁水。

2.将莲藕泥、猪肉末与盐、酱油一起拌匀，捏成大小适中的丸子。

3.将做好的丸子放入锅中蒸熟即可。

鸡肉丸

材料：鸡肉40克，胡萝卜8克，山药10克，盐少许

做法：

1.山药、胡萝卜洗净去皮，切成小丁，放入锅中蒸至熟软。鸡肉洗净，剁碎。

2.将蒸熟的山药、胡萝卜挤压成泥，与剁碎的鸡肉混合，调入盐，拌匀，捏制成丸子，蒸熟即可。

Q：鸡肉所含的维生素B$_6$较其他肉类多吗?

A：　　鸡肉所含的维生素B6相对其他肉类较高。维生素B6参与了蛋白质和脂质的代谢，并能保护皮肤。若缺乏维生素B6，则易患有脂漏性皮肤炎与口角炎。

蘑菇炖鸡

材料：鲜蘑菇100克，鸡腿2只，料酒少许，盐适量，食用油少许，姜1片，水适量

做法：

1.鲜蘑菇洗净后，撕成小块。鸡腿洗净，切块。

2.食用油烧热后，先煸炒姜片，然后放入鸡腿翻炒并倒入料酒，接着放入蘑菇炒几下后，加水适量，用小火炖20分钟，加盐调味即可。

育儿食经：也可以拿整只鸡来做，但注意要给宝宝吃骨头小的鸡腿肉或者鸡胸肉，这样才不会卡到。

黄瓜镶肉

材料：黄瓜1根，猪肉末30克，
姜、葱、盐各少量

做法：

1.挑选较为粗壮的黄瓜1根，取中间约6厘米长的1段，洗净，切去外皮，分成几小段，掏去中间的瓤和籽。

2.将猪肉末中调入姜末、葱末、盐，搅拌均匀，制成肉泥。

3.用汤匙舀出适量肉泥，塞进黄瓜中。将做好的"黄瓜镶肉"放入蒸笼中蒸熟即可。

育儿食经：黄瓜也可用苦瓜、白萝卜代替，以增加宝宝食物的丰富性。

蒸鳕鱼

材料：鳕鱼1小条，姜1小片，盐少许

做法：

1.鳕鱼清洗干净后抹上少许盐腌制2分钟。姜洗净，切成丝。

2.将鳕鱼放入鱼盘中，撒上姜丝，入锅蒸熟即可。

育儿食经：鳕鱼鱼脂中含有球蛋白、白蛋白等，还含有儿童发育所必需的各种氨基酸，其比值与儿童的需求量非常相近，又容易被人体消化吸收，还含有不饱和脂肪酸和钙、磷、铁、B族维生素等。

烩白菜

材料：大白菜2片，金针菇少量，高汤、食用油少许

做法：

1.大白菜洗净，切成细条。金针菇洗净，取鲜嫩部分切成小段。

2.热锅注食用油，放入金针菇、大白菜炒熟，加少量高汤焖煮至烂即可。

Q：有哪些蔬菜是宝宝喜欢的？

A：　　一般而言，大白菜与包心菜具有甜味，很多宝宝都爱吃，尤其是不爱吃青菜的宝宝，可以增加吃这两种蔬菜的次数。

豆腐蔬菜酱

材料：豆腐25克，海带汤80克，胡萝卜20克，洋葱10克，洋白菜1片，淀粉少量

做法：

1.将豆腐洗净后放入热水中涮汆烫片刻，装入碗中，用汤匙压碎。

2.胡萝卜、洋葱、洋白菜入沸水锅中煮熟，捞出后切碎，与海带汤一起放入汤锅中，上火熬煮，至汤汁量极少。

3.淀粉兑入适量水，勾成清芡，淋入煮好的蔬菜海带汤中，拌匀即成酱。

4.把做好的蔬菜酱放在碎豆腐上即可食用。

育儿食经：淀粉糊的作用是使食物柔软。

鱼泥馄饨

材料： 鱼肉泥50克，小馄饨皮6张，包心菜、紫菜各少量，酱油、水适量

做法：

1.包心菜去梗取叶，与紫菜洗净后入沸水锅中焯烫片刻，捞出沥干水分，切成碎末。

2.将包心菜末与鱼肉泥混合拌匀，做成馄饨馅，包入小馄饨皮中，做成馄饨。

3.锅内加水，大火煮沸后放入馄饨，煮至沸腾，调入适量酱油略煮片刻，至馄饨全部浮在水面时，撒入紫菜，略微搅拌，即可出锅。

育儿食经： 鱼肉味道鲜美，清新可口，且富含高蛋白、不饱和脂肪酸及维生素，宝宝常吃可以促进生长发育。做成馄饨，还可以补充宝宝所需的碳水化合物。但妈妈们在捣鱼泥时，需要特别注意剔除鱼刺。

时蔬肉饼

材料： 肉末50克，土豆泥80克，番茄1个，菠菜泥50克，芹菜末少许

做法：

1.番茄洗净，用沸水略焯，撕去外皮，取半个，去籽切碎。

2.将肉末、土豆泥、番茄、菠菜泥、芹菜末混合拌匀，压成饼形，入锅蒸熟即可。

育儿食经： 有些宝宝不爱吃的蔬菜，可剁碎后与肉泥及其他宝宝爱吃的蔬菜混合制成时蔬肉饼，让宝宝的食物营养更均衡。

第三章

1～3岁，
做宝宝
最好的营养师

宝宝的成长发育离不开各种营养成分的补充，当宝宝1～3岁时，合理安排饮食是宝宝健康成长的重要保证。此时的妈妈们，需要当好宝宝们的营养师，让宝宝吃好、喝好，健康成长。

一、1～3岁宝宝的营养需求

1. 蛋白质，宝宝生命最初的源泉

　　蛋白质是构成人体组织、器官的主要营养成分，是生命活动不可或缺的重要物质。人体所含蛋白质总量约占体重的16%，它不仅参与构成各种组织、器官和组成体液，而且是各类重要生命活性物质的核心成分。蛋白质在代谢过程中可以释放热量，人体每天所需热量的10%～14%来自于蛋白质。随着宝宝生长发育、日常活动量及所处环境的不同，对蛋白质的需求量也不同。一般而言，年龄越小，生长发育越快，所需的蛋白质也越多。

2. 脂类，让宝宝更健康、更聪明

　　脂类包含脂肪、胆固醇与磷脂，是人体组织的重要组成成分。脂肪为人体提供的热量占成人所需总热量的20%～30%，而儿童年龄越小其所占比重越大，婴幼儿甚至达到35%。

　　脂类能为人体提供生长发育所需的必需脂肪酸，可提高人体免疫功能。脂类是脂溶性维生素A、维生素D、维生素E、维生素K等的良好溶剂，能促进其吸收和利用。必需脂肪酸对儿童智能发育有重要作用，以DHA（二十二碳六烯酸，是一种多元不饱和脂肪酸）为例，它大量存在于人脑细胞中，占大脑脂肪酸的25%～33%，占细胞膜脂肪的1/2；与胆碱、磷脂等构成大脑皮肤神经细胞膜，是脑细胞储存和处理信息的重要物质结构，对脑细胞的分裂、神经传导等具有极其重要的作用。因此DHA在提高人类智力，尤其是在提高婴幼儿智能方面具有至关重要的作用。

3. 碳水化合物，宝宝的能量供给站

碳水化合物是人体最重要、最经济、来源最广泛的热量源。按照国人的饮食习惯，成人所需总热量的60％～80％来自碳水化合物，儿童则是50％以上。碳水化合物在体内与蛋白质结合，构成糖蛋白，借此参与体内多种生理功能活动。碳水化合物也是参与组成抗体、酶、内分泌激素和神经组织的成分。核糖及去氧核糖又是构成核酸的重要成分，与生命活动直接有关。

膳食纤维是一种不能被人体消化的碳水化合物，分为非水溶性纤维和水溶性纤维两大类。膳食纤维在结肠中经微生物发酵后产生小分子产物，可增进双歧杆菌、乳酸杆菌等肠道常居菌的增殖，以此保护肠黏膜不受病原菌侵害，还能减少肠道发炎及罹患结肠癌的几率。

对宝宝来说，以上三种产热营养素所提供的热量之间应维持一定的比例，即蛋白质、脂肪、碳水化合物所提供热量的比例分别为1：2.5：4～5。

4. 微量元素与矿物质，小需求大功能

微量元素和矿物质必须经由外部饮食才能摄取补充，如果营养不均衡，就很容易造成矿物质和微量元素缺乏。

钙：钙是人体骨骼和牙齿的重要组成成分，约占其构成的99％。分布于体内的钙可维持神经、肌肉兴奋性，完成神经行动的传导，参与心肌、骨骼肌及平滑肌的收缩及舒张活动，维持细胞膜的通透性，并有镇静、安神的作用，同时也是多种酶的激活物。在日常饮食中，乳类含钙量较高，且易被人体吸收，是宝宝饮食中钙的良好来源。宝宝在添加辅食后，即可食用虾皮、鱼虾及部分坚果类食物，以增加钙的摄取量。豆类、绿豆叶菜类也是钙的良好来源。若饮食的钙含量仍然不能满足宝宝钙的需求时，可适量添加钙剂。配方奶宝宝每日添加100毫克；7～36个月宝宝每日添加100～200毫克。

铁：铁在神经细胞生长、增殖、分化及髓鞘化等过程中占有非常重要的作用。铁是血红蛋白的重要组成部分，其所含的铁量约占全身总铁量的67％，其余

的铁则是构成肌红蛋白、细胞色素C和多种酶的主要成分。血红蛋白和肌红蛋白中的铁与氧结合能力很强，并借此将氧输送至人体每个细胞，以完成能量代谢。铁还可以促进发育、增加对疾病的抵抗力、调节组织呼吸、防止疲劳等。如果体内缺乏铁，儿童可出现偏食、异食癖（如喜食土块、煤渣等）、反应迟钝、智力下降、学习成绩不好、易怒不安、易发生感染等。动物性食物，如肝脏、血和瘦肉中所含的铁是与血红素结合的铁（亚铁Fe^{2+}），含量较高，容易被小肠直接吸收。豆类、绿叶蔬菜、红糖、禽蛋类虽为非血红素铁，但含量也较高，可加以利用。母乳中的铁含量虽低，但因其吸收率高达70%，人体能获得较多的铁。但也不宜过度摄取铁，过度的铁质积聚可能引起多种过氧化自由基增多，对人体不利。

锌：锌是人体六大酶类、200种金属酶的组成成分或辅酶，对全身代谢起着广泛的作用。锌主要含于肉类与谷物中。缺锌时，以食欲减退、生长迟缓、异食癖和皮炎为突出表现，多发生在6岁以下的小儿中。贝壳类海产、动物内脏、红色肉类等含有较高量的锌；干果类、谷类及麦面等含锌量也较高；而蔬菜、水果中含量较低。但锌过量会干扰对其他营养的吸收和代谢，可能有恶心、呕吐等症状。

5. 维生素，全面呵护宝宝

维生素是维持身体健康所必需的低分子有机化合物，在人体内的含量很少，但是在人体生长、发育、代谢过程中具有很重要的作用。维生素是一个庞大的家族，目前所知的维生素就有几十种，大致分成脂溶性维生素和水溶性维生素两大类，常见的有以下几种：

维生素A：参与视网膜内视紫质的形成，视紫质是视网膜感受弱光线不可缺少的物质，还可维护表皮细胞的完整，防止呼吸道、消化道受感染，支持和增强身体免疫功能，维持正常骨质代谢，提高铁剂吸收率，用于改善缺铁性贫血。具有维生素A生理活性的物质有视网醇和类胡萝卜素。视网醇只存在于动物性食物中，植物性食物中含有大量可转化为维生素A的类胡萝卜素，以深绿色及红、黄色的蔬菜、水果中为多。长期过量摄入维生素A将导致中毒，表现为脱发、生长停滞、肝脾肿大，婴儿则有颅压增高、呕吐等症状。

维生素B$_1$：维生素B$_1$又称硫胺素，作为酵素的辅酶参与糖类代谢，与身体能量转换密切相关，还参与神经末梢兴奋性传导及水和电解质代谢。人体缺乏维生素B$_1$时，会呈现精神不振、疲乏无力、食欲差、恶心、呕吐等现象，严重者可能有多发性周围神经炎及心功能障碍，甚至产生心力衰竭。人体没有储存维生素B$_1$的相对组织，常因饮食摄取不足及食物烹调不当发生维生素B$_1$缺乏而导致脚气病。当哺乳妈妈维生素B$_1$摄取不足时，还会引起受乳宝宝罹患脚气病。畜、禽肉、动物内脏、粗制谷类食品（如糙米、燕麦、全麦面粉、杂粮面包等）、蛋黄及豆类等，都含有丰富的维生素B$_1$。

维生素B$_2$：维生素B$_2$又称核黄素，是人体许多具有重要功能的黄酶的辅酶组成成分，参与蛋白质、糖类、脂肪代谢及能量的生成。人体不能储存维生素B$_2$，因此常因摄取量不足、疾病及代谢失调而发生缺乏，会出现喉咙痛、咽喉与口腔黏膜水肿、眼角膜充血和畏光、口唇干裂、口角炎、舌头发炎红肿、生长发育迟滞等症状。大部分的物及动物组织皆含有维生素B$_2$，其中牛奶、乳制品及粗粮中含量丰富。肉类、动物内脏及绿色蔬菜也是维生素B$_2$的良好来源。维生素B$_2$在碱性环境中容易受到破坏，因此烹调食物时，不宜添加含有小苏打粉成分的食材。

维生素C：维生素C又称抗坏血酸，具有高度的还原性，是一种保护身体组织免受氧化损害的强力抗氧化剂。它具有促进结缔组织成熟和胶原合成、提高免疫功能及促进吸收的作用，可维持牙齿、骨骼、肌肉、血管的正常功能，促进伤口愈合。新鲜水果中维生素C的含量丰富，尤其是绿色、红色、黄色的蔬菜水果，如豌豆苗、青菜、甜椒、橘子、猕猴桃等。

维生素D：在维生素D与甲状旁腺激素共同作用下，人体血钙标准才得以维持稳定；而正常标准的钙磷对骨骼矿化、神经传导、肌肉收缩及所有人体细胞，乃至成熟期生殖细胞的正常功能都是必需的。缺乏维生素D是儿童发生软骨病的主要原因。天然动物性食物中一般含维生素D较高，如动物肝脏、海鱼及鱼卵、鱼肝油、蛋黄、奶油及乳酪等；瘦肉、坚果中有微量存在，母乳及牛奶中维生素D含量较低。通过紫外线的作用，人体皮肤可以合成并转化具有活性的维生素D$_3$，因此日光浴是经济实惠的补充维生素D的方式。增加儿童的户外活动及让其裸露皮肤接受适度的阳光照射，不仅可获得维生素D，而且对促进儿童整体健康、改善体质都有良好作用。但长期过量添加维生素D可能引起维生素D中毒。

维生素K：维生素K具有预防新生婴儿内出血及痔疮、减少生理期大量出血、促进血液正常凝固的作用。在日常饮食及正常肠道环境中，肠道菌群可以合成维生素K，但量较少，难以满足人体需要。新鲜蔬菜是维生素K的良好来源，而牛奶、乳制品、肉、蛋、谷类、水果及其他蔬菜中含量则较少。为预防新生儿出血，孕妇应摄取富含维生素K的深绿色蔬菜。

叶酸：叶酸是水溶性B族维生素之一，是人体新陈代谢的重要中间传递体，参与遗传基质去氧核糖核酸（DNA）及核糖核酸（RNA）的合成、胺基酸的代谢、血红蛋白及甲基化合物的合成。儿童缺乏叶酸会发生营养性巨细红血球性贫血，而早孕期的女性缺乏叶酸则可能导致胎儿神经管畸形，包括无脑儿及脊柱裂等类型。叶酸缺乏也是罹患心血管疾病的重要因素。富含叶酸的食物有动物肝脏、大豆及豆制品、坚果（如花生、核桃）、绿叶蔬菜和水果等。叶酸不耐热，在烹调时的损失可达70%～90%，所以烹调要少烫、少煮，而用急火、快炒的方法。

二、1~3岁宝宝的饮食安排原则

结合1~3岁儿童的年龄特点，其饮食安排应兼顾以下3点：食物形态由半流质向固体食物过渡；作息由白天2次睡眠过渡到1次午睡；喂养方式由依靠成人喂食过渡到自行进食。

具体选择上，1~3岁儿童的食物来源和品种多选用瘦肉、鸡蛋、鱼、新鲜的水果和蔬菜（以深色、绿色、橙色为主），常选豆类制品。烹制方法应采用"煨、煮、炖"，尽量不吃煎、炸之类的油腻食品。菜和面点的形态应碎小、精巧、软烂，以免导致消化不良引起腹泻。食物混合制作，如肉蛋菜粥、牛奶麻酱粥、肉末油菜焖饭等，既易喂，也便于幼儿学习自己进食。随着宝宝进食技能的提升，应及时添加一些可以用手拿着吃的食物，如馒头片、烤面包片、糕、饼、面卷之类的面点，以促进其独自进食技能的提高。

三、宝宝健康美食

Q: 该不该让宝宝自己吃饭？

A: 　　1岁左右的孩子，肢体动作越来越娴熟，经常会跟父母抢汤匙要自己动手吃，这时通常还只是笨拙地胡乱抓握，没办法精准地将汤匙放进嘴里，常常把饭桌搞得一团糟。很多父母往往深受其扰，只想喂了他，好赶快结束这场混战！其实，对这个年龄段的宝宝来说，会自己拿汤匙吃饭是一种新的学习，父母应该给予机会练习。可以准备一张高度适中的椅子，地上铺张报纸，给他（她）自己的餐具，让他慢慢学习自己进食。

Q: 宝宝吃东西速度快好吗？

A: 　　宝宝食欲旺盛并非坏事，比较担心的是吃得过多，造成热量过剩。想要纠正他（她）的饮食习惯，让他（她）细嚼慢咽，最好的方式是将食物切成无法一口吞下的大小，这样没办法一次塞进嘴里，就会逼着他（她）学习慢慢咀嚼。

Q: 宝宝吃饭时总是含在嘴里不嚼怎么办?

A: 含着饭容易造成蛀牙,不要让宝宝养成这种坏习惯。一般来说,宝宝嘴里老是含着饭的原因有以下三种:

①蛀牙。如果以前宝宝吃饭的习惯还不错,最近却老是含饭不想咬,可能是有蛀牙,咬下去就会牙痛,当然不愿意咬了。

②分心。宝宝总是习惯边看电视边吃饭,或者边玩玩具边吃饭,很容易因为太过专注于其他事情,而把饭含在嘴里不吞下去。

③吃饱了。这是最常见的原因,这时可以收起碗筷,不要再让宝宝吃了。

Q: 宝宝吃饭慢怎么办?

A: 如果你在为宝宝吃饭慢而苦恼,首先应该想想,让他吃快一点的用意是什么。只要宝宝不是含着饭不吃,或者一吃就是一两个小时,慢点又何妨?一般来说,每一口食物咀嚼次数应该超过20下,才能使其中的营养更容易被吸收,且可保证肠胃健康。对于宝宝吃饭慢,要有耐心,不要老是催促,同时也应注意让宝宝专心吃饭,不要边吃边玩。如果实在是觉得宝宝吃饭太慢,可以在装饭的时候适当减少点分量。饭量太多,会让宝宝感觉"老是吃不完",也会让宝宝吃到最后变成了"边吃边玩"。

Q: 为什么宝宝会不想吃饭?

A: 宝宝不想吃饭,多半是因为从小对食物的兴趣不高。追其源头,多数是因为在宝宝刚接触辅食时食物处理不当,如没有接触各式各样的食物。而吃东西时的气氛不对,也会让宝宝排斥吃饭。此外,运动量小的宝宝,比较不容易饿,吃的相对也少。如果食物不合胃口,或者吃饭时间过长,饭菜都冷了,也会让宝宝的食欲变差。

Q：如何让宝宝喜欢吃饭？

A：　　宝宝喜欢参与大人的事情，可利用这点来提升他（她）对食物的兴趣。父母可以带着宝宝帮忙挑选菜式，在处理食材时，也让其在旁边帮忙，多认识、接触食材，能逐渐增加宝宝对食物的兴趣。另外，还可以这样做：①改变烹饪方式，把不喜欢吃的食材做成饺子、煎饼、包子等。②让宝宝选择自己的餐具，或者把菜式变成可爱的模样，如宝宝喜欢的动物形状等，增加宝宝对饮食的兴趣。③利用食材编故事，让宝宝对食材更亲切、好奇，同时让宝宝一起参与制作餐点。

　　很多宝宝都对新食物有排斥感，即使是大人认为的超级美食，也无法提升宝宝的食欲。这是因为宝宝的饮食偏好跟成人不一样。不过，只要方法得当，仍然可以让宝宝愿意尝试新的食物。首先，新食物最好不要单独出现，可以将它与宝宝喜欢的食物混合烹煮，减少排斥感；其次，新的菜式要先上桌，让宝宝在饿的时候先吃到新食物；此外，最好能加入摆盘的创意、造型的创意或者吃法的创意等。这些都能让宝宝逐渐爱上新食物。

Q：宝宝吃饭需要定时、定量吗？

A：　　每个人总有胃口好或不好的时候，不能期望宝宝每一餐都能吃完所有的分量。宝宝累了，或是玩得太疯、太热时，经常会不想吃饭。如果宝宝到了该吃正餐的时候没有食欲，不妨晚一点再让他（她）吃。建议记录下宝宝每天饮食的总分量，只要能达到均衡营养即可。

Q: 宝宝吃水果有禁忌吗?

A: 水果被认为含有丰富的营养素,但食用不能过量,而且对年纪越小的宝宝影响越大。此外,对宝宝来说,每天食物的种类也不要太过复杂。一般来说,宝宝可以吃多种水果,但如果有身体不适,或是体质特殊,还是应该谨慎选择,如有气喘、咳嗽症状应少吃瓜果类,而皮肤不好的人则要少吃芒果、木瓜、草莓等,有腹泻时也要减少吃水果。

Q: 宝宝可以吃冰冻食物吗?

A: 医生建议不要让1岁以下的宝宝食用冰品,因为这个阶段的孩子对冷热温度的调节能力差,不要喂食过冷或过热的食物。另外,体质特殊,如有气喘、呼吸道过敏或者体质弱的宝宝,也应避免。宝宝剧烈运动过后,也不要立刻喂食冰品,因为此时血液集中在四肢、肌肉或皮下,以帮助散热,肠胃的血液则较少,若吃下冰凉的食物,会导致肠胃不适。

1. 宝宝多钙食谱：骨骼强壮的起点

美味
软食

奶味软饼

材料：面粉150克，黄豆粉15克，牛奶30毫升，鸡蛋1个，细盐、水、油适量

做法：

1.将黄豆粉用凉水稀释后，充分加热煮沸，略放凉，再将牛奶倒入，并打入鸡蛋，调匀备用。

2.将晾凉的豆奶蛋汁倒入面粉中，加入适量细盐和水，充分调匀使之成糊状。

3.平底锅加热后放点油，将面糊摊成软饼即成。

蛋挞

材料：面粉60克，鸡蛋2个，猪油、奶油各适量，白糖20克，糖粉20克，水适量

做法：

1.将面粉30克、猪油、奶油拌匀成油酥面团备用。将剩余面粉加入糖粉、水，揉成面团，擀平，放入油酥面团，对折后再擀平，反复2次，切成小剂子。

2.将剂子放入圆形模具中，先将底部按平，再用手指将边缘按压均匀。

3.鸡蛋加水、白糖调匀，倒入蛋挞皮中，放入烤箱中，烤25分钟左右即可。

育儿食经： 橙黄诱人，松软香酥，奶香浓郁，甜而不腻，营养丰富，可在饭前或饭后作为茶点品味，又能作为主食。

牛奶土豆泥

材料：土豆200克，牛奶200毫升，白糖少许

做法：

1.土豆洗净去皮，切成小块，放入锅中蒸至熟烂后取出。

2.牛奶装入容器中，隔水加热至微微沸腾，取出稍微晾凉。

3.将蒸好的土豆挤压成泥，调入牛奶、白糖，拌匀即可。

育儿食经： 糯米含有蛋白质、脂肪、糖类、钙、磷、铁、维生素B_1、维生素B_2、烟酸等，营养丰富，但不宜多吃。

椰香糯米糍

材料：椰汁50毫升，糯米粉200克，玉米粉10克，黑芝麻馅40克，白糖5克

做法：

1.将糯米粉和玉米粉混合，兑入椰汁，搅匀，调入白糖，揉成糯米粉团，搓成长条，再将面团切成小剂。

2.把面剂做成窝状，放入黑芝麻馅，将面皮从四周向中间包好，搓圆，放置饧发半小时。

3.将做好的糯米糍放入蒸笼内，蒸半小时至熟即可。

虾蛋软饼

材料：面粉50克，黄豆粉5克，虾皮3克，鸡蛋1个，芝麻酱2克，香油少许，温水、盐适量

做法：

1.将面粉、黄豆粉搅拌均匀，加入温水搅成面粉。

2.将虾皮洗净用温水泡片刻（减少咸味），然后捞出剁成碎末，略煸炒，加入少许盐，盛出备用。

3.把鸡蛋调成蛋液，把芝麻酱加温水稀释。

4.将虾皮末、鸡蛋液、芝麻酱糊倒入面糊中搅匀。

5.将炒勺或平底锅烧热并放入香油，然后放入面糊摊成饼即可。

天使核桃蛋糕

材料：鸡蛋6个，玉米粉160克，塔塔粉5克，细碎核桃150克，白糖、奶油、食用油各适量

做法：

1.鸡蛋只取蛋白，快速搅拌至七成泡发，加入白糖、塔塔粉搅至八成泡发，再加入玉米粉、细碎核桃，搅匀成蛋糕糊。

2.烤盘上刷一层食用油，倒入蛋糕糊，抹平，放入上火200℃、下火160℃的烤箱中，烘烤约20分钟后，取出晾凉。

3.将奶油加热融化，抹在蛋糕上即可。

育儿食经： 核桃不仅补钙，还具有益智、健脑的功效。

豆奶蛋糕

材料：面粉、玉米粉各100克，黄豆粉50克，全脂奶粉30克，芝麻5克，鸡蛋4个，白糖适量

做法：

1.芝麻淘洗干净，放入锅中烘干，炒熟，碾成粉末。

2.将面粉、玉米粉、黄豆粉、全脂奶粉混合拌匀。

3.鸡蛋打入容器中，加白糖搅拌10分钟，放入拌匀的混合粉，搅打均匀，倒入蛋糕模具中，撒上芝麻末，蒸20分钟即可。

果蔬奶汁

奶味豆浆

材料：全脂淡奶粉10克，黄豆粉10克，白糖5克，凉开水适量

做法：

1.黄豆粉加入适量凉开水，放入锅内充分加热煮沸，无豆腥味即可盛出。

2.略凉，加入全脂淡奶粉，然后加白糖调匀即可食用。

育儿食经： 豆类富含钙质，且易于人体吸收，是极好的补钙食品。

木瓜菠萝牛奶

材料： 木瓜果肉100克，菠萝果肉50克，牛奶150毫升

做法：

1.木瓜果肉、菠萝果肉分别切成小块。

2.将木瓜果肉、菠萝果肉和牛奶放入果汁机中搅打均匀，过滤后，取汁饮用即可。

酪梨牛奶

材料： 酪梨1个，牛奶240毫升

做法：

1.酪梨洗净，去皮，取果肉切成小块。

2.将酪梨果肉、牛奶放入果汁机中，搅打均匀即可。

育儿食经： 切酪梨时不要切到中间的籽，否则会有苦味。

迷你主食

牛奶粥

材料：鲜牛奶250毫升，大米60克，清水适量

做法：

1.大米淘洗干净，倒入锅中加入适量清水熬煮至半熟。

2.将锅中米汤滗去，注入鲜牛奶，以小火熬煮成粥即可。

黑芝麻小米粥

材料：小米60克，黑芝麻30克，白糖、清水适量

做法：

1.小米洗净，用清水浸泡30分钟，捞出，沥干表面的水分。黑芝麻洗净，晾干，加热炒熟，研成粉末。

2.锅内加入适量清水，放入小米，先用大火烧沸，再转小火熬煮。

3.待小米煮至烂熟后，加入白糖调味，慢慢放入黑芝麻粉，搅拌均匀即可。

玉米山药粥

材料：玉米50克，山药25克，白糖、清水适量

做法：

1.玉米洗净备用，山药去皮洗净，切小块备用。

2.锅内加入适量清水，放入玉米、山药，大火煮沸后，再小火熬至玉米、山药烂熟，加入白糖搅匀即可。

虾皮肉末青菜粥

材料： 虾皮10克，瘦肉30克，青菜30克，大米50克，酱油6毫升，葱6克，盐3克，油、水适量

做法：

1.将虾皮、瘦肉、青菜分别洗净，切碎；大米洗净。

2.锅内放适量油，下肉末煸炒，再放虾皮、葱、酱油、盐炒匀。

3.锅中添入适量水烧开，然后放入大米，煮至熟烂，再放青菜碎煮一会即成。

虾仁紫菜拌面

材料： 鸡蛋面条50克，甜椒1个，鸡蛋1个，虾仁2只，圣女果少量，紫菜、食用油、盐、清水各适量

做法：

1.甜椒洗净切丝，鸡蛋打散搅匀。虾仁剔去虾线，洗净切成小丁，入沸水锅中汆烫片刻。圣女果洗净，切小块。紫菜撕成小碎块，备用。

2.锅内加入适量清水烧沸，加少许盐，放入鸡蛋面条煮熟。

3.另起油锅，食用油热后倒入鸡蛋快速搅成碎粒，放入圣女果、虾仁和甜椒丝翻炒，调入少许盐炒熟后出锅。

4.将煮熟的面条捞出后下冷水中过一遍水，捞出沥干水分，装盘。将炒好的蔬菜淋在面条上，撒上紫菜即可。

雪山包

材料：面粉200克，鲜奶100克，椰浆10毫升，猪油10克，面包改良剂2克，白糖5克，水适量

做法：

1.将面粉、面包改良剂、白糖和水揉匀后，擀成面皮。

2.将鲜奶、椰浆、猪油、白糖一起搅匀，蒸20分钟，做成馅。

3.将馅包入面皮中，摆成型之后低火烤15分钟即可。

育儿食经：雪山包可以作为主食或老加餐食用，主要的营养成分为碳水化合物，能够快速提供人体所需的能量，容易消化吸收。

虾皮碎菜包

材料：虾皮5克，小白菜50克，鸡蛋1个，面粉80克，高活性干酵母1克，盐、生抽、葱、姜、香油各少许，油、水适量

做法：

1.虾皮用温水洗净泡软后，切碎。鸡蛋打散，倒入油锅中煎熟备用。小白菜洗净，入沸水锅中汆烫一下，捞出切碎备用。

2.将备好的鸡蛋、小白菜混合，加入虾皮碎、盐、生抽、葱、姜、香油拌匀，调成馅料。

3.将面粉、发酵粉混合，兑入适量清水和成面团，静置饧发30～40分钟后，将面团分成小块，擀成面皮，加入馅料包成包子。

4.蒸锅内加入适量水，把包子放入蒸屉上，盖上锅盖，烧至水沸后再蒸10分钟左右即可。

育儿食经：在制作过程中要根据孩子年龄不同处理食材，宝宝越小越要剁碎。虾皮含有丰富的钙、磷等微量元素，十分有助于宝宝增高，但是一定要选用新鲜优质的虾皮。小白菜用开水汆烫后可去除部分草酸和植酸，更有利于钙在肠道内的吸收。

金沙奶黄包

材料：包子面皮10张，粟粉10克，黄油20克，白糖40克，鸡蛋5个，生粉5克

做法：

1.将鸡蛋打入碗内，与生粉、粟粉、白糖、黄油一起拌匀成奶黄馅。

2.取一包子面皮，放入奶黄馅后包好。

3.将包好的包子揉至光滑，饧发后，上笼蒸熟即可。

育儿食经： 做奶黄馅时，一定要搅拌均匀。

豆沙包

材料：面团150克，高活性干酵母1.5克，豆沙馅50克，糖5克

做法：

1.将面团揉匀后，搓成长条，切成20克一个的小剂，再擀成面皮。

2.取一张面皮，内放10克豆沙馅，将面皮从四周包起来，直至包成形，放置饧发半小时。

3.将包好的豆沙包上蒸笼蒸熟即可。

温馨提示：
包包子时一定要捏紧，以免豆沙溢出。

育儿食经： 豆沙馅是由赤豆或菜豆煮烂捣成泥或干磨成粉，加糖制成，营养丰富，味道甜美。

香芋包

材料：高筋面粉300克，高活性干酵母3克，去皮芋头200克，白糖10克，盐少许，水适量

做法：

1.在高筋面粉中加入酵母，再用水和匀，饧发40分钟。

2.将去皮芋头入锅中蒸熟，放入碗中，捣成泥，再加入白糖和少许盐，拌匀。

3.将饧发好的面团揪成一个个小面团，再将芋头馅包入面团中，即成香芋包生坯，再入蒸笼内蒸熟即可。

育儿食经： 芋头所含的矿物质中，氟的含量较高，具有洁齿防龋、保护牙齿的作用。芋头中有一种天然的多糖类高分子植物胶体，有很好的止泻作用，并能增强人体的免疫功能。

营养汤羹

南瓜羹

材料：南瓜25克，高汤80毫升

做法：

1.南瓜去皮、瓤，洗净切成小块。

2.高汤烧沸，放入南瓜煮至熟烂。

3.将南瓜捣碎，继续熬煮至南瓜稀软浓稠。

育儿食经： 南瓜多用于断奶食物中，且含丰富的糖分，较易消化吸收。除做成汤、糊外，还可以煮粥、蒸食、熬制、煮饭等。

虾皮紫菜蛋汤

材料： 虾皮50克，紫菜50克，鸡蛋1个，豆腐100克，食用油、水、香油适量

做法：

1.虾皮洗净；紫菜撕成小块；鸡蛋打成蛋液。

2.热锅注食用油，下入虾皮略炒，加水适量，烧开后淋入鸡蛋液，加入紫菜搅匀，调入盐、香油即可。

育儿食经： 此汤口感鲜香，含有丰富的蛋白质、钙、磷、铁、碘等营养素，对宝宝补充钙、碘非常有益。

健康肉蔬

椿芽拌豆腐

材料： 香椿芽、豆腐各适量，盐、香油各少许

做法：

1.香椿芽洗净，入沸水中焯烫5分钟，捞出，沥干表面的水分，切成细末。豆腐洗净，切块。

2.将豆腐块放入盘中，加入香椿芽末、盐、香油拌匀即可。

肉蓉豆腐

材料：猪瘦肉20克，豆腐50克，虾皮3克，鸡蛋液10克，黑木耳3克，葱姜水、酱油、香油、水各适量

做法：

1.将猪瘦肉洗净，剁成肉蓉；将虾皮洗净，剁成碎末，放入炒锅煸炒一下备用。

2.黑木耳洗净，用温水发透，切成碎末。豆腐洗净，用开水焯一遍，捞入盆内，捣碎。

3.将肉蓉、虾皮末、木耳末加入葱姜水、酱油拌匀，然后加入豆腐泥内并放入鸡蛋液及适量水搅匀，上笼蒸熟即成，食用时淋入香油。

凉拌海蜇黄瓜丝

材料：海蜇100克，黄瓜150克，香油、酱油、醋、盐、味精各少许

做法：

1.黄瓜洗净，切丝，装盘。海蜇用清水泡软后洗净，切成丝，撒在黄瓜丝上。

2.将盐、香油、醋、酱油和味精调成汁，浇在海蜇黄瓜丝上即可。

虾仁鲜豆腐

材料：嫩豆腐500克，鲜虾仁200克，姜8克，食用油20毫升，精盐6克，白糖10克，淀粉25克，香油10毫升，黄酒10毫升，葱、姜适量

做法：

1.嫩豆腐切块，汆水，备用。

2.鲜虾仁汆水，用精盐2克、淀粉10克、黄酒10毫升腌渍10分钟。

3.锅中下入食用油、葱、姜，大火爆香，将虾仁、精盐、白糖放入锅中，加盖中火焖5分钟。

4.将淀粉15克加冷开水拌匀，倒入汤汁中勾芡，淋上香油即成。

糖醋嫩藕片

材料：新鲜嫩藕250克，白糖20克，白醋20毫升

做法：

1.锅内放入白糖和白醋，加入适量清水煮沸后，放凉。

2.新鲜嫩藕洗净，刮皮并削去两端藕节后，切成薄片，迅速浸入糖醋水中，腌渍5小时后即可捞出装盘食用。

育儿食经： 此菜可作为夏季调剂宝宝饮食的菜肴，不仅可以补充钙质，还可以促进宝宝食欲。

2.宝宝多铁食谱：身体智力齐发展

美味软食

猪肉松

材料：猪腿肉300克，红糖75毫升，黄酒75毫升，白糖25克，清汤700毫升，猪油适量

做法：

1.将瘦猪腿肉去皮、去筋，切成小块，放入开水里氽一下，去血水后取出放好。

2.将红糖、黄酒、白糖、热猪油略炒，然后将肉块放下一同炒透后，加上清汤，用小火慢炖。

3.待肉烧成浆糊状后（越烂越好），再用小火边烧边炒，直至汤汁完全收干，肉料泡起发松即可。

育儿食经：肉松中的铁含量是猪瘦肉的两倍，是非常好的补铁食品，但由于瘦肉本身就含有一定量的钠离子，吃的时候一定要控制量。

蛋肝卷

材料：猪肝20克，鸡蛋1个，酱油、盐、白糖、淀粉、香油各少量，食用油、水适量

做法：

1.猪肝洗净切片，加入淀粉和少量水，调匀。鸡蛋打散，备用。

2.热锅注食用油，放入猪肝快速翻炒至变色，盛出切碎，调入酱油、盐、白糖、香油，拌匀搅成泥，加鸡蛋液和少量淀粉浆朝同一个方向搅打均匀，倒入底部抹上食用油的容器中，入锅蒸约20分钟，切片即可。

育儿食经：猪肝不但含铁量高，而且容易被食用者消化吸收，是补血（补铁）的最佳选择。

果蔬奶汁

Q：宝宝喝的胡萝卜汁要煮熟吗？

A： 宝宝的肠胃系统尚未健全，因此不建议喝生的胡萝卜汁。

胡萝卜汁

材料：胡萝卜1根，冷开水适量

做法：

1.胡萝卜洗净，去皮，切成块，放入锅中，加少量水蒸熟煮软。

2.将胡萝卜用果汁机榨出汁水，滴入几滴食用油，用等量的冷开水稀释后，以汤匙喂食。

黑枣桂圆糖水

材料：黑枣20克，桂圆肉10克，红糖25克，清水500毫升

做法：

1.将黑枣、桂圆肉洗净，加清水500毫升，调入红糖，入锅中煮至黑枣、桂圆熟软或隔水炖煮40分钟即可。

2.趁热饮用。

育儿食经： 黑枣每100克含铁3.7~3.9毫克，是补血佳品。黑枣中还富含维生素C，能促进铁离子吸收，让机体对铁的吸收事半功倍。但干黑枣含有丰富的膳食纤维，不利消化，所以1天之内不宜多食。

迷你主食

肝泥粥

材料：猪肝30克，大米50克，姜、葱、酱油、盐少许，油、水适量

做法：

1.将猪肝切成片，入沸水中汆一下，捞出后剁成泥。

2.锅内放点油，下猪肝煸炒，加入葱、姜及适量的酱油炒透入味。

3.锅中盛适量水烧开，再放入洗净的大米煮至熟烂，加入猪肝、少量盐，略煮即成。

猪肝绿豆粥

材料：猪肝50克，绿豆30克，大米50克，盐、清水适量

做法：

1.绿豆、大米洗净后倒入锅中，注入适量清水，以大火煮沸，改用小火慢熬至八成熟。

2.猪肝用清水浸泡1小时，除尽血水，捞出后用冷水冲洗，切成片，再放入清水中抓洗一下。

3.将洗净的猪肝倒入锅中与绿豆、大米同煮，待熟后加入适量盐调味即可。

育儿食经：猪肝营养丰富，含有铁、锌、铜和维生素A等，具有养血、明目的功效，对缺铁性贫血症、夜盲症、眼干燥症有一定的治疗作用。

红枣桂圆小米粥

材料：红枣10克，干桂圆肉5克，小米20克

做法：

1.红枣用水泡软，去皮、核，剁碎。小米浸泡1小时左右，淘洗干净。

2.将桂圆肉、红枣、小米一起入沸水锅中熬煮成粥即可。

育儿食经：这款粥最适合体质虚寒的宝宝补血。

小米红糖粥

材料：小米30克，红糖3克，清水适量

做法：

1.小米浸泡1小时后，淘洗干净，入沸水锅中熬煮成粥。

2.食用时，加入少许红糖拌匀即可。

育儿食经：此粥适合脾胃虚寒的宝宝出现腹泻症状时食用。

鸡肝小米粥

材料：鸡肝、小米各50克，盐少许

做法：

1.鸡肝洗净，切碎。小米淘洗干净。

2.锅中放入猪肝和小米，注入适量水熬煮成粥，加少许盐调味即可。

育儿食经：鸡肝富含血红素铁、锌、铜、维生素A和B族维生素，是宝宝补血的理想食品，与小米煮成粥后，味道鲜美，且易于宝宝消化吸收。

红枣银耳粥

材料： 大米20克，银耳5克，红枣10克，白糖少许，水适量

做法：

1.银耳放入清水中浸泡至软，撕成小朵。红枣用水泡软，洗净去核。大米淘洗干净，备用。

2.锅中注水，放入大米、银耳、红枣，以小火熬煮30分钟。

3.调入少许白糖，拌匀，再煮10分钟左右即可。

芝麻粥

材料： 黑芝麻30克，大米50克，红糖少许

做法：

1.黑芝麻淘洗干净，烘干，放入净热锅中炒熟，研成粉末。

2.大米淘洗干净，与炒熟的黑芝麻一起放入锅中，熬煮成粥，加入红糖溶化拌匀即可。

菠菜粥

材料：大米粥1小碗，菠菜适量

做法：

1.菠菜洗净，放入沸水锅中，氽烫熟后捞出，捣成泥状。

2.将大米粥搅打成糊，加菠菜泥搅拌均匀即可。

育儿食经：菠菜内含有丰富的铁质、胡萝卜素，是有名的补血食物。

三明治

材料：牛肉片4块，鸡蛋1个，黄瓜半根，番茄1个，面包2片，沙拉酱3～4汤匙（或以酸奶1杯和熟蛋黄打匀代替），淀粉半茶匙，糖1茶匙，牛油、食用油少许

做法：

1.先用半茶匙淀粉、1茶匙糖及少许食用油腌牛肉片半小时左右，再用牛油将牛肉煎香。

2.鸡蛋煮熟切片，黄瓜、番茄洗净切片待用。

3.先将牛肉及鸡蛋放在面包上，盖上另一片面包，再涂上沙拉酱，放番茄片，最后夹上面包，再将三明治切成小三角，即成。

育儿食经：夹三明治的材料可以因孩子的口味和季节的转变而自由更换，例如可用鸡肉、火腿代替牛肉，可用生菜、水果代替黄瓜、番茄。

虾米牛肉面

材料：虾仁10克，牛肉60克，面条60克，鱼汤适量

做法：

1.先将牛肉煲熟，切碎待用。

2.面条煮熟，放入鱼汤，将虾米、碎牛肉一起再煲熟即可。

育儿食经： 若宝宝仍未习惯吃面条，可以剪碎。

菜肉水饺

材料：白菜1碗，猪肉1碗，饺子皮数块，蛋白、清汤（或鱼汤）适量

做法：

1.先将白菜洗净，留菜叶部分，切碎，与猪肉搅拌做肉馅。

2.将肉馅包在饺子皮内，用蛋白封口。

3.待清水或鱼汤烧开时放入饺子，盖上盖子，待饺子都漂浮起即可。

育儿食经： 做饺子时，妈妈可以把饺子皮一开为二，做成小小的"BABY"饺子，宝宝可以一口一个，吃得方便又开心。

翡翠菜包

材料：面团250克，菠菜100克，芥菜100克，肉馅30克，盐3克，白糖20克，味精2克，香油少许

做法：

1.将菠菜搅出菠菜汁，揉入面团中。

2.芥菜剁碎，拌入肉馅、盐、白糖、味精、香油，搅匀备用。

3.将菜馅用面皮包好，上笼蒸熟即可。

育儿食经： 常吃菠菜，还可以帮助人体维持正常视力和上皮细胞的健康，防止夜盲，增强抵抗力，促进儿童生长发育等。

营养汤羹

海带豆腐汤

材料：鲜嫩豆腐100克，甜椒1个，海带50克，白糖、肉清汤各适量

做法：

1.鲜嫩豆腐切成小块，甜椒洗净切丝。海带泡软洗净，切成条。

2.净锅上火，注入肉清汤，放海带煮至沸腾，加豆腐、甜椒，待汤再次沸腾后，熄火，调入少量白糖拌匀，再以小火煮沸即可。

育儿食经： 吃完海带后不可立刻吃酸涩的水果，因为酸涩水果中所含的植物酸会阻碍体内铁质的吸收。

菠菜猪血汤

材料：菠菜1棵，猪血50克，食用油、盐、水各适量

做法：

1.菠菜洗净，用热水氽烫后切成段。猪血洗净，切成块。

2.热锅注食用油，放入菠菜翻炒，加入猪血，注入适量水，大火烧沸后，转至小火，焖煮片刻，起锅前加盐调味即可。

猪肝羹

材料：猪肝100克，鸡蛋2个，葱少量，盐、豆豉、清水各适量

做法：

1.猪肝洗净，切成片，置汤锅中，加适量清水，小火煮至熟透。

2.加入豆豉、葱熬煮。鸡蛋打散，倒入汤锅中，调入适量盐拌匀即可。

蚕豆炖牛肉

材料：牛肉500克，蚕豆250克，姜、葱、盐、味精各少许，清水适量

做法：

1.牛肉洗净，切块。蚕豆洗净，放入清水中浸泡30分钟左右。姜洗净，切片。葱洗净，切段。

2.锅内加入清水烧沸，放入牛肉略煮片刻，捞起备用。

3.放入牛肉块、蚕豆、姜、葱，注入清水，用小火炖约2小时，调入盐、味精即可。

健康肉蔬

香酥鱼片

材料：鱼肉50克，鸡蛋1个，淀粉10克，芝麻10克，食用油10毫升，酱油、盐、白糖、水各适量

做法：

1.将鱼肉切成片状，用酱油、盐、白糖腌片刻。

2.芝麻淘洗干净并用小火炒熟碾碎。

3.鸡蛋搅打成蛋液，加入淀粉及适量水调成蛋糊。

4.将鱼片挂匀蛋糊并蘸匀碎芝麻用手拍牢，放入热油锅内炸成金黄色即可。

木耳炒瘦肉

材料： 黑木耳10克，猪瘦肉30克，西葫芦20克，食用油、盐、姜、味精、淀粉各少许

做法：

1.黑木耳泡发、洗净，撕成小朵。西葫芦洗净，切片。猪瘦肉洗净，切片，加入少许盐、味精、淀粉抓匀，腌制片刻。

2.热锅加食用油，倒入瘦肉片炒至八成熟，盛出备用。

3.锅留底油，放入姜、西葫芦、黑木耳炒至快熟，倒入肉片翻炒均匀，用味精、盐调味即可。

育儿食经： 黑木耳是各种食物中含铁量最高的，补铁效果也最好，被营养学家誉为"素中之荤"和"素中之王"。

蒸蛋肝

材料： 鲜猪肝20克，鸡蛋1个，食用油4毫升，酱油、盐、白糖、淀粉、香油、清水各适量

做法：

1.将鲜猪肝洗净切片并兑入少许淀粉和清水，抓匀备用。鸡蛋打成蛋液。淀粉兑入适量清水，拌匀，搅成淀粉浆。

2.炒锅上火，放入食用油，下猪肝片煸炒至变色，盛出，剁成肝泥，加入酱油、盐、白糖、香油、蛋液及淀粉浆，沿一个方向搅匀。

3.取蒸盘，在盘中均匀地抹上一层食用油，将拌好的肝泥倒入盘中，上火蒸15~20分钟即可。

育儿食经： 本道菜富含铁质和维生素A，是宝宝补充铁质的极佳美食。

青椒炒猪肝

材料：猪肝40克，青椒、红椒、食用油少量，大蒜1瓣，盐、酱油、糖少许

做法：

1.青椒、红椒洗净，去籽，取少量切菱形片，备用。猪肝洗净，切片。大蒜切片。

2.猪肝装入碗中，拌入酱油，腌制15分钟。

3.热锅加食用油，爆香蒜，放入猪肝炒至半熟，盛出备用。

4.锅内留少许油，放入青椒、红椒、盐、糖，炒至熟软入味，加入猪肝炒熟即可。

育儿食经： 3岁左右的宝宝可以尝试着吃一点辣椒了。

3. 宝宝多锌食谱：好胃口，快成长

美味软食

绿豆糕

材料：绿豆150克，马蹄粉400克，白糖

30克，香油30毫升，清水适量

做法：

1.绿豆浸泡3小时后，煮至熟烂。马蹄粉兑入适量清水，搅拌均匀，装入盆中。

2.沸水中调入白糖，倒入煮熟的绿豆，滴入香油，煮沸后转至小火熬煮片刻。

3.将熬煮好的绿豆倒入装有马蹄粉的盆中，将马蹄粉烫至半熟后，充分搅拌，倒入模具中，蒸20分钟左右。完全凉透后再切成薄薄的片即可食用。

育儿食经： 在蒸制绿豆糕的时候，时间的长短应根据绿豆糕的分量而定，分量多的话可以适当延长几分钟。

生蚝南瓜羹

材料：南瓜400克，鲜生蚝250克，盐、味精、葱、姜、清水各适量

做法：

1.南瓜去皮、瓤，洗净，切成细丝。鲜生蚝洗净，切成丝。葱、姜分别洗净，切丝。

2.汤锅置火上，加入适量清水，放入南瓜丝、生蚝丝、葱丝、姜丝，加入盐调味，大火烧沸，改小火煮，盖上盖熬至羹状，放入味精搅匀即可。

育儿食经：生蚝是极好的补锌食物，其锌含量是所有食材中最高的。

果蔬
奶汁

苹果沙拉

材料：苹果50克，葡萄干5克，柳橙少量，酸奶50克

做法：

1.苹果洗净后去皮、核，切成丁。葡萄干用水泡软。柳橙去皮，取少量去籽、切丁。

2.将苹果丁、柳橙丁、葡萄干装入碗中，淋入酸奶，拌匀即可。

育儿食经：苹果中含有丰富的锌，可增强宝宝记忆力。

酸梅汁

材料：酸梅100克，盐5克，冰糖10克，清水适量

做法：

1.酸梅冲洗后，在淡盐水中浸泡15分钟后捞出，彻底冲洗干净。

2.汤锅上火，放入酸梅、冰糖，注入适量清水（水面没过酸梅即可）。

3.大火烧至汤锅沸腾后，转至小火续煮10分钟。

4.将酸梅汤放凉后，倒入密封罐中，放入冰箱存放1天。

育儿食经：适合1岁半以上的宝宝食用。酸梅中含有多种维生素，尤其是维生素B_2含量极高，是其他水果的数百倍。虽然酸梅味道酸，但它属于碱性食物，肉类等酸性食物吃多了，喝点酸梅汤有助于体内血液酸碱值的平衡。

迷你主食

海鲜粥

材料： 肉蟹1只，生蚝50克，石斑鱼肉50克，大米50克，盐、鸡精各少量，水适量

做法：

1.将肉蟹宰杀，去内脏后洗净切块。生蚝取肉洗净。石斑鱼肉洗净，切成块。

2.锅中加水、大米煲20分钟，加入蟹块、生蚝、石斑鱼肉再煲10分钟。调入少许盐、鸡精拌匀入味，再以小火煲10分钟即可。

营养汤羹

豆腐口蘑汤

材料： 豆腐500克，水发口蘑50克，冬笋25克，油菜25克，精盐5克，味精3克，熟鸡油3毫升，高汤适量

做法：

1.将豆腐切成小片，入沸水锅中略焯后捞出，用冷水过凉，捞出，去水；水发口蘑洗净，去蒂，入开水锅中烫一烫捞出。

2.锅内倒入高汤，下豆腐块、口蘑烧沸，撇去浮沫，下精盐、油菜、笋片、味精烧入味，淋入熟鸡油，盛入大汤碗即成。

育儿食经： 本品需高汤约750毫升。

牛肉海带汤

材料：海带50克，牛肉50克，白酱油少量，清汤200毫升

做法：

1.海带泡软后洗净，切成1厘米左右宽的条，入沸水锅中大火煮至海带熟透。

2.牛肉洗净切成细丝，拌入少量白酱油腌制2分钟。

3.锅内加清汤，倒入牛肉丝略煮，把海带放入汤锅中，煮至沸腾，关火略焖1分钟，即可装碗食用。

健康肉蔬

生蚝豆腐

材料：生蚝2粒，豆腐30克，葱、蒜少许，香菇素蚝油少许，淀粉少许，食用油、盐、清水适量

做法：

1.生蚝去壳，放入盐水中浸泡15分钟后捞出洗净，蘸上适量淀粉，放入沸水锅中氽烫片刻，捞出，沥干水分。

2.将豆腐用清水浸泡片刻，捞出沥干水，切成小块。

3.热锅注食用油，爆香蒜末，放入豆腐、香菇素蚝油，炒出香味后，放入生蚝，煮熟撒上葱即可。

育儿食经： 生蚝富含锌，可以促进宝宝的骨骼生长发育。

蒸嫩丸子

材料：肉末60克，青豆仁10颗，水1匙，淀粉1/2小匙，酱油、盐少许

做法：

1.肉末剁细，加入煮烂的青豆仁及淀粉、酱油、盐、水拌匀。

2.将肉馅甩打至有弹性，再分搓成一口大小的丸状。

3.将丸子放入蒸笼，待锅中水开后蒸15分钟，熟透即可。

育儿食经： 搅打肉馅时，要朝一个方向打，这样做出的肉丸不易碎。

肉丝炒芹菜

材料：芹菜50克，猪里脊肉20克，食用油3毫升，酱油、盐各少许

做法：

1.芹菜洗净后切段。猪里脊肉洗净切丝，调入少许酱油腌制片刻。

2.热锅注食用油，放入芹菜、肉丝，炒熟后调入盐，炒匀即可。

育儿食经： 芹菜特有的香味会促进宝宝食欲。

4 维生素大餐：身体的全面呵护

美味软食

红枣蛋黄泥

材料：红枣100克，鸡蛋1个

做法：

1.红枣洗净，放入沸水中煮20分钟，去皮、去核后，剔出红枣肉。

2.鸡蛋煮熟取蛋黄，压成泥状，加入红枣肉搅拌后即可。

育儿食经：红枣蛋黄泥富含维生素C，能充分满足宝宝对维生素C的需求。

胡萝卜苹果泥

材料：胡萝卜100克，苹果50克，水30毫升

做法：

1.苹果、胡萝卜洗净去皮，研磨成糊状。

2.用30毫升水调稀，蒸4分钟，放凉后滴入几滴食用油，即可给宝宝喂食。

育儿食经：每100克胡萝卜含油胡萝卜素4.1毫克、维生素C13毫克、钙32毫克。而苹果含有多种维生素、酸类物质以及可溶性纤维果胶等，是宝宝吸收营养的极佳来源。

果蔬奶汁

果汁瓜条

材料：冬瓜100克，果汁半杯，淡盐水适量

做法：

1.冬瓜洗净，去皮、去瓤，切成条，入沸水中焯熟，再在淡盐水中浸泡5~10分钟。

2.捞出瓜条后沥净余水，放到自己喜欢的果汁中浸泡4~5小时。

3.盖好盖子，放在冰箱冷藏室内，可分多次食用。

育儿食经： 浸瓜条时，果汁必须没过瓜条。也可以选用多种果汁浸泡，如苹果汁、柠檬汁、菠萝汁、鲜橙汁等。

南瓜牛奶

材料：全脂鲜奶100毫升，南瓜100克，白糖少许，水适量

做法：

1.南瓜洗净，挖出籽和瓤，去皮切小块，放入蒸锅中，加适量水蒸至熟烂。

2.将南瓜捣成泥，兑入全脂鲜奶和白糖，拌匀，以小火隔水加热，煮至微微沸腾即可。

育儿食经： 南瓜富含维生素A，有助于小朋友的视力发育。隔水加热牛奶，可避免烧焦或破坏蛋白质。

迷你主食

梨汁糯米粥

材料：梨2个，糯米100克，冰糖、水适量

做法：

1.梨洗净，去皮、去核，取果肉捣碎，去渣留汁。糯米洗净，用清水浸泡3小时以上。

2.锅中放入糯米、冰糖、梨汁，加适量水，大火煮沸，转小火熬至糯米呈黏糊状即可。

白汁蘑菇鸡腿饭

材料： 蘑菇半碗，鸡腿肉丝少许，胡萝卜粒若干，奶油蘑菇汤4汤匙，牛油、大米、盐、水适量

做法：

1.大米洗净，煮熟后，摊凉备用。

2.用牛油将饭、蘑菇、鸡腿肉丝、胡萝卜粒一起炒至微香，放半茶匙盐调味。

3.将奶油蘑菇汤加水拌匀煮沸，然后淋在饭上面即可。

育儿食经： 也可以用意粉或面代替饭，对宝宝来说又是一个新菜式！

五彩饭团

材料： 米饭200克，鸡蛋1个，火腿、胡萝卜、海苔各适量

做法：

1.将米饭均分成几等份，搓成大小适中的圆形饭团。

2.鸡蛋煮熟后，取蛋黄压成末。火腿、海苔切成末。胡萝卜洗净，去皮切成丝，入沸水锅中焯烫熟后捞出，沥干水分，切成细末，用少许食用油拌匀备用。

3.在饭团表面黏上蛋黄末、火腿末、海苔末、胡萝卜末即可。

育儿食经： 海苔含有丰富的核黄素、维生素A、B族维生素、铁、钙、碘等物质，适合宝宝经常食用。

鸡汁灌饺

材料：鸡肉250克，大白菜100克，面团500克，盐6克，味精3克，白糖2克，高汤适量，香油少许，淀粉少许

做法：

1.鸡肉洗净，剁成末；大白菜洗净，切碎。

2.用盐、味精、白糖、高汤、香油与鸡肉、白菜一起拌匀成馅料。

3.面团擀成多张面皮，包入馅料，放入蒸锅蒸熟即可。

育儿食经： 鸡肉中含有维生素A、维生素B₁、维生素B₂、维生素C、维生素E、烟酸、钙、磷、钾、钠、铁等多种营养素，非常适合营养不良、贫血的宝宝食用。

双米银耳粥

材料：大米、小米各20克，银耳5克，水适量

做法：

1.大米和小米淘洗干净；银耳泡发、择洗干净，撕成小朵。

2.锅内放水，加入大米和小米，大火煮沸后，放入银耳，转小火慢煮约15分钟，至银耳稀烂即可。

育儿食经： 大米是人体B族维生素的主要来源，小米保存了许多的维生素和无机盐，银耳富含粗纤维，还含有蛋白质、维生素和葡萄糖等。由这三种材料煮成的粥，营养十分丰富，有助于宝宝均衡营养。

营养汤羹

银耳雪梨汤

材料： 梨2个，杏仁适量，银耳20克，蜜枣5克，胡萝卜少量，陈皮1片，清水适量

做法：

1.梨洗净，去皮、核，切成片。银耳洗净，用水泡发至软。胡萝卜洗净，去皮，切大块。杏仁、蜜枣、陈皮洗净，备用。

2.锅内加入适量清水，加入陈皮煮沸，放入梨、银耳、胡萝卜、杏仁、蜜枣，大火炖煮约20分钟，转小火续煮约1小时即可。

卷心菜浓汤

材料： 卷心菜60克，洋葱少量，土豆20克，牛奶200毫升，盐少许，高汤适量

做法：

1.卷心菜、洋葱洗净，均切丝。土豆洗净，切小块。

2.高汤煮沸，放入卷心菜、洋葱、土豆，炖煮至熟软。

3.将汤锅中的汤汁连同汤料全部倒入果汁机中搅打均匀后，全部倒回汤锅中。

4.汤锅上火，加入牛奶与卷心菜汤同煮，烧至沸腾，调入少量盐即可。

育儿食经： 卷心菜所含的维生素U能加速肠道黏膜的修复与再生，对胃具有保护作用。

芝士西兰花

材料：婴儿芝士1粒，西兰花1碗，盐水、清水适量

做法：

1.先将西兰花用盐水浸透，因为菜花部分会有比较多的菜虫，然后再清洗干净，切去茎部。

2.放入沸水中煮20分钟左右，沥干水分。

3.把婴儿芝士放在西兰花上，隔水蒸两三分钟，芝士便可融解在西兰花表面。

育儿食经：西兰花中的维生素种类非常齐全，尤其是叶酸的含量丰富，加入芝士的西兰花更香甜，让小宝宝更乐意进食蔬菜。

甜椒炒丝瓜

材料：丝瓜1条，甜椒适量，清汤、盐、糖各少许，食用油适量

做法：

1.丝瓜洗净，去皮、切条。甜椒洗净切丝。

2.热锅加食用油，放入丝瓜翻炒后，加甜椒、清汤加盖焖煮半分钟后略滑炒，调入盐、糖，翻炒均匀即可起锅。

5.均衡食谱：营养一个都不能少

三鲜蛋羹

材料：鸡蛋1个，鲜虾100克，猪肉泥20克，蘑菇2朵，盐、食用油少许，水适量

做法：

1.将鲜虾剥壳，取出沙线，剁碎，与猪肉泥混合搅拌，制成肉酱。

2.锅内加食用油，炒熟肉酱。鸡蛋打散，加水、盐，入锅蒸熟。蘑菇洗净切碎。

3.蒸锅中放入蘑菇和炒熟的肉酱，与蛋羹搅拌后，再蒸5~8分钟。

美味软食

雪花糕

材料：玉米粉5克，奶粉15克，椰浆10毫升，白糖5克，鸡蛋1个，椰子粉3克，清水40毫升

做法：

1.玉米粉加10毫升清水混合调匀，制成玉米糊。奶粉兑入30毫升清水拌匀调成奶汁。鸡蛋取蛋白，调入白糖，搅打均匀。

2.将玉米糊、奶汁、椰浆混合，拌匀后倒入热锅中，一边加热一边搅拌，直至玉米椰浆煮成浓稠状，即可起锅。

3.将调好的蛋白倒入煮好的玉米椰浆中，混合拌匀，放凉至不烫手时捏成圆球形或其他形状，放入冰箱冷藏。

4.食用时，取出雪花糕，蘸上椰子粉即可。

马蹄糕

材料：马蹄300克，吉士粉10克，白糖5克，马蹄粉250克，水适量

做法：

1. 将吉士粉、白糖、马蹄粉倒入碗中，加适量水搅拌均匀成浆备用。
2. 马蹄洗净，切成薄片，加水煮融。
3. 将马蹄倒入拌好的浆中拌匀，形成生熟浆。
4. 蒸糕的盘子里面涂上油，然后倒进生熟浆。
5. 用猛火蒸20分钟即可。
6. 蒸好后的马蹄糕要冷却后才能脱模。

育儿食经： 马蹄中磷的含量非常高，对宝宝牙齿和骨骼的发育有很大好处，还具有清热、泄火的良好功效，既可清热生津，又可补充营养，也适用于发烧宝宝食用。

果蔬奶汁

腰果奶

材料：腰果15粒，白糖5克，牛奶240毫升

做法：

　　将腰果洗净，放入搅拌机中，调入糖、牛奶，搅打均匀即可。

育儿食经： 腰果含有不饱和脂肪酸，可以提高宝宝机体抗病能力，增进食欲。

芋头西米露

材料：芋头1个，西米10克，全脂奶300毫升，椰浆30毫升，白糖20克，清水、冰水适量

做法：

1.芋头洗净去皮，切成小块。西米淘洗干净。

2.锅内加适量清水，放入西米煮至沸腾，熄火后将西米焖至透明状，盛出装碗，放入冰水中冰镇至凉。

3.将全脂奶、椰浆、白糖混合拌匀，与芋头一起倒入锅中，炖煮至芋头熟烂。盛出装入容器中，放入冰水里冰镇至凉。

4.将冰凉的西米与芋头奶混合拌匀即可。

育儿食经： 芋头西米露含有牛奶的优质蛋白质和芋头、西米的主食类热量，同时芋头还提供了纤维质及复合型的碳水化合物，能为宝宝提供丰富的营养。

杂菜乳酪沙拉

材料： 生菜30克，花豆30克，胡萝卜50克，梨50克，红薯50克，纯酸奶1杯，熟蛋黄2个

做法：

1.熟蛋黄和纯酸奶放入搅拌机内打成糊状，制成沙拉酱。

2.花豆、红薯洗净，放入锅中加水煲熟，捞出备用。胡萝卜洗净，切成粒状。梨洗净，去皮切块。生菜洗净，入沸水锅中汆烫后切成丝，备用。

3.将所有食材拌匀即可。

育儿食经： 妈妈不妨先把制作沙拉的材料准备好，然后邀请宝宝一同参与制作，例如请他们自己选择材料，加入沙拉酱拌匀，他们会吃得分外开心。

迷你主食

虾粥

材料： 大米50克，鲜虾100克，香菜、生姜少许，精盐3克，香油5毫升，植物油、白糖、胡椒粉少许

育儿食经： 虾肉的营养极为丰富，所含蛋白质是鱼、蛋、奶的几倍到几十倍，还含有丰富的钾、碘、镁、磷等矿物质及维生素A等，且肉质松软，易消化，是宝宝吸收营养的极佳食物。

做法：

1.大米洗净，用少许植物油拌匀。生姜洗净，切丝。香菜洗净，切碎。

2.鲜虾挑去虾线，洗净，加生姜丝和白糖、精盐、胡椒粉略腌。

3.将鲜虾放入粥内熬煮，不停地搅拌，防止粘锅，待煮熟后，加香油和精盐少许调味，撒上香菜即可。

益智蛋包饭

材料： 鸡蛋2个，米饭1碗，猪瘦肉丝5克，番茄酱适量，太白粉3克，盐少许，食用油、水适量

做法：

1.鸡蛋去壳打入碗中，调入盐、太白粉、水搅拌和匀，制成蛋汁。

2.热锅注食用油，下猪瘦肉丝炒熟，倒入米饭，调入番茄酱炒匀，盛入碗中。

3.热锅转至小火，注食用油烧热，倒入蛋汁，煎成圆形蛋皮，盛入盘中，铺平。将炒好的米饭铺在蛋皮的一边，另一边盖在米饭上，淋上番茄酱即可。

育儿食经： 蛋包饭的内容可多变，如加入宝宝喜欢的虾仁、蟹黄等食材，更能激发宝宝食欲。此道蛋包饭不仅可以提供宝宝所需的蛋白质，还能保护宝宝肝脏、心脏及视网膜的健康，增强宝宝记忆力，促进宝宝智力发育。

生鱼粥

材料：大米50克，生鱼肉100克，猪骨200克，鸡精1克，生抽2毫升，盐1克，姜丝、香菜、水各适量

做法：

1.猪骨洗净敲碎，放置于砂锅中。

2.大米淘洗干净，也放入砂锅中并加水，先用大火烧开，然后将米搅动一两次，改用小火慢熬1个半小时左右，放入盐、鸡精，调好味，拣出猪骨即成粥底。

3.生鱼肉洗净，切成大片，用盐、生抽、姜丝拌匀，倒入滚开的粥底内轻轻拨散，待粥再滚起，撒少许香菜即可。

育儿食经： 生鱼含有人体自身难以合成的不饱和脂肪酸、氨基酸及人体所必需的优质蛋白质、钙、铁、磷等营养元素以及增强人体记忆的微量元素，有助于宝宝营养的均衡补给。

虾饺

材料：虾仁100克，肥肉丁、冬笋丁、淀粉、橙粉各适量，盐5克，鸡精少许，白糖适量，胡椒粉少许，水适量

做法：

1.虾仁切小块，制成虾泥备用。

2.虾泥中加入冬笋丁、肥肉丁和盐、鸡精、胡椒粉、白糖，搅拌均匀制成虾饺馅。

3.淀粉、橙粉加适量水搓制成粉皮，包入虾饺馅，上笼蒸熟即可。

育儿食经： 虾肉含有丰富的镁，镁对宝宝的心脏活动具有重要的调节作用，能很好地保护心血管系统。虾内还富含磷、钙，对宝宝健康成长有益。

金银馒头

材料：小馒头4个，炼乳少许，食用油适量

做法：

1.将4个小馒头放入蒸笼中蒸熟。

2.平底锅上火，加食物油烧热，放入2个小馒头，将馒头炸至四面呈金黄色。

3.将馒头捞出控油，与蒸馒头、炼乳一起装盘。食用时，蘸上炼乳即可。

育儿食经：炸馒头的油温不宜过高，否则容易炸糊。经过发酵的馒头有利于消化吸收，这是因为酵母中的酶能促进营养物质的分解。因此，消化功能相对较弱的宝宝很适合吃这类面食。

三鲜包子

材料：面粉500克，鸡肉、水发海参、虾仁各50克，猪五花肉、冬笋各150克，发酵粉、小苏打粉各适量，食用油、酱油、香油、盐各少许，温开水适量

做法：

1.将发酵粉用温开水化开，加面粉和成面团发酵。

2.水发海参洗净，切成小丁。猪五花肉洗净，切成末。虾仁洗净，去虾线，切成碎末。冬笋洗净，剁成碎粒。鸡肉洗净，切成鸡丁。将海参丁、肉末、虾仁末、冬笋粒、鸡肉丁混合，加入酱油、香油、盐拌匀，用力朝同一个方向搅拌至黏稠状，制成馅。

3.将发酵好的面团加小苏打粉揉匀，搓成长条，切成大小适中的均匀小面团，擀成圆面皮，包入馅，做成包子，放入蒸锅，蒸锅内水开后大火蒸约15分钟即可。

肉菜卷

材料： 面粉200克，黄豆粉20克，猪瘦肉30克，胡萝卜30克，白菜30克，食用油、盐、酱油、水各适量

做法：

1. 将面粉与黄豆粉混合，加适量水，和成面团发酵。
2. 猪瘦肉洗净，剁碎。胡萝卜洗净去皮，切成末。白菜洗净后切成蓉。将猪肉碎、胡萝卜末、白菜蓉混合，加入适量食用油、盐、酱油搅拌均匀，制成肉菜馅。
3. 将发酵好的面团揉匀，擀成面片，铺上肉菜馅，卷成卷形，蒸锅内水开后蒸20分钟即成。

鱼饺

材料： 鱼肉150克，葱、饺子皮适量，盐5克，鸡精3克，五香粉6克，香油少许

做法：

1. 鱼肉洗净，在开水中汆熟，放凉后入冰箱中冷冻20分钟；葱洗净，切成葱花。
2. 将冻硬的鱼肉取出，切成细丝，再与葱、盐、鸡精、五香粉、香油拌匀。
3. 将馅料包入饺子皮内，蒸熟即可。

育儿食经： 将鱼块放入冰箱中冷冻后，更利于切细丝。鱼肉的肌纤维比较短，蛋白质组织结构松散，水分含量比较多，因此，肉质比较鲜嫩，和禽畜肉相比，吃起来更觉软嫩，也更容易被消化吸收。

三色鱼肉拌饭

材料：胡萝卜蓉1汤匙，玉米粒30克，青菜蓉1汤匙，鱼蓉2汤匙，大米30克

做法：

1.将鱼蓉、胡萝卜蓉、青菜蓉及玉米粒蒸熟，搅拌在一起制成菜蓉。

2.大米煮熟，趁热加入菜蓉中，搅拌均匀即可。

育儿食经： 食物的外形会影响宝宝的食欲。拌饭还可以捏出各种形状的饭团，后者一定更能吸引他们多吃几口。爸爸妈妈要刺激宝宝的食欲，需要从造型、餐具着手了！

营养
汤羹

赤豆汤

材料：赤豆100克，白糖50克，水适量

做法：

1.将赤豆洗净后浸泡2小时左右，用大火煮沸。

2.用小火将赤豆炖至酥烂，加入白糖煮沸即可。

育儿食经： 赤豆汤具有清热解毒的功效，特别适合宝宝在夏季当做甜品饮用。

金针菇豆腐汤

材料：豆腐100克，金针菇50克，清汤300毫升，盐、白糖、清水各适量

做法：

1.豆腐入清水中浸泡片刻后捞出，切成小块。金针菇切去根部，清洗干净后横刀切成两半。

2.锅内加入清汤，小火慢熬。另起一净锅，上火，加入少量清水，煮至沸腾。

3.将切好的豆腐放入沸水锅中略焯，捞出后放入汤锅中，大火烧至沸腾，加入金针菇，煮熟后调入盐、白糖即可。

育儿食经： 金针菇美味可口，营养丰富，尤其是赖氨酸含量较高，能促进儿童智力发育。

苦瓜绿豆汤

材料：苦瓜1根，绿豆150克，清水适量

做法：

1.绿豆洗净，浸泡30分钟。苦瓜去瓤，洗净切丁。

2.锅中注入适量清水，烧沸，放入绿豆、苦瓜丁，大火炖煮约20分钟，转小火续煮约30分钟即可。

育儿食经： 苦瓜、绿豆都是凉补的食材，合煮之后，味道清香，口感清爽。

健康肉蔬

柠檬风味烩鸡翅

材料：鸡翅2只，水发香菇2朵，竹笋1小块，红椒、青椒、姜少许，白糖、柠檬汁适量，酱油、盐各少许，油适量

做法：

1.鸡翅洗净，用刀在内侧各划一刀，加少量盐、酱油腌制片刻。水发香菇去蒂洗净，切成条。

2.竹笋、红椒、青椒分别洗净后切成条状。

3.将鸡翅蒸熟，备用。

4.热锅注油，爆香姜丝，调入盐、酱油、白糖，拌匀后加鸡翅、香菇、竹笋、红椒、青椒等，注入适量柠檬汁烩煮，至鸡翅熟软即可。

豆干炒肉丝

材料：豆干50克，猪瘦肉70克，酱油、盐、白糖各少许，食用油适量

做法：

1.将猪瘦肉洗净，切成肉丝，拌入酱油，腌制片刻。豆干切成条。

2.起油锅，先将猪肉丝炒熟，装盘。

3.再起油锅，放入豆干、白糖、盐，用大火炒约2分钟，收汁，加入炒好的猪肉丝，略翻炒即可。

核桃鸡丁

材料：鸡肉100克，核桃仁50克，食用油适量，盐少许，青椒、红椒各少量

做法：

1.鸡肉去皮，切成丁，加盐拌匀，腌制约15分钟。青椒、红椒洗净，去籽，切成片。

2.热锅注食用油，烧至温热，放入核桃仁炸酥，放凉待用。

3.炒锅注食用油，将腌制好的鸡肉炒熟，加核桃仁翻炒均匀，加入红椒块、青椒块炒熟，装盘即可。

育儿食经：核桃仁含有丰富的不饱和脂肪酸，以及蛋白质、钙、磷、维生素B_1、维生素B_2等，有补肾、润肠、健脑的功效。宝宝不宜吃辣椒，但去籽后的辣椒可以减轻辣味，且含有丰富的维生素，2岁以上的宝宝可以适当吃一点儿。爸爸妈妈们还可以尝试其他组合，如核桃粳米粥等。

炒双花

材料：花菜100克，西兰花100克，食用油适量，盐少许

做法：

1.将花菜、西兰花分别洗净，分成小朵。

2.热锅加入食用油，放入花菜、西兰花炒熟，调入盐拌匀即可。

育儿食经：做这道菜时，也可将花菜和西兰花放入沸水锅中焯烫至熟，再入油锅中略炒即可。花菜和西兰花都富含纤维素，符合宝宝的营养需求。